鄂尔多斯深部矿井冲击地压防控理论与技术

张修峰　孔令海　韩跃勇
　　　王　超　顾颖诗　著

U0214058

应 急 管 理 出 版 社

·北　京·

内 容 提 要

冲击地压作为一种特殊的矿压显现形式，已成为深部矿井开采的主要灾害之一，严重威胁着煤矿安全生产。本书从鄂尔多斯深部矿井冲击地压灾害防治现状出发，深入分析该地区冲击地压破坏特征、发生条件及类型，基于鄂尔多斯深部矿井"载荷三带"覆岩结构模型研究冲击地压发生机制，揭示出"冲击地压－顶板疏水－地表沉降"复合冲击地压发生机理；优化鄂尔多斯深部矿井典型冲击地压防冲开采设计，研发回采工作面围岩大变形协同控制、工作面"三位一体"应力防控等冲击地压防治技术以及矿井复杂结构煤层巷道高预应力、强力锚杆防冲支护技术，形成适用于鄂尔多斯深部矿井冲击地压防治理论与关键技术。

本书适合从事煤矿开采设计、煤矿工程技术、煤矿安全管理、防冲科研和技术、装备研发等人员阅读和参考，以及为类似条件冲击地压防治提供参考。

谨呈本书缅怀李希勇先生！
以此感谢先生在煤矿冲击地压灾害防
治领域做出的贡献！感谢先生对陕蒙
地区冲击地压矿井和本书成果主要科
学技术问题的指导！

前　　言

　　煤矿冲击地压具有突发性、瞬时性和破坏性特点，是影响煤矿深部开采的主要灾害之一。20 世纪 90 年代以来，我国在冲击地压机理、前兆信息、监测预警及综合治理等方面积累了宝贵经验。但是，由于我国煤层赋存环境多样，开采和地质条件复杂，随着煤矿开采机械化、自动化、信息化程度的提高，以及开采深度的增加和开采强度的增大，我国受冲击地压灾害威胁的矿井逐年增多，对煤矿深部开采造成较大影响。

　　内蒙古鄂尔多斯煤田地处华北地区内陆坳陷盆地，地质构造简单，总体为一宽缓向斜构造，是国家重要的能源基地。该地区煤炭资源开发程度高，煤矿大都为千万吨级高产高效现代化矿井，盘区开采条件简单、单产工效高。据统计，该地区 2019 年的煤炭产量为 6.79×10^8 t，年度煤炭总产量约占全国的 18.1%、内蒙古自治区的 67.9%。鄂尔多斯煤田在浅部开采中未曾发生冲击地压，但在大埋深、复杂结构煤层及上覆厚层砂岩层组和高强度开采等条件下，多次发生冲击地压破坏现象，导致数百米巷道破坏，工作面停产，对地区煤炭开采安全与稳定供应造成较大影响。冲击地压已被列为该地区深部煤炭开采的主要灾害之一。

本书是在多年对冲击地压发生机理及防控理论的研究基础上，对鄂尔多斯煤矿深部冲击地压防控理论及技术进行研究，分析了鄂尔多斯煤矿深部开采冲击地压防治现状及关键工程技术难题，以及分析了鄂尔多斯深部矿井条件，冲击地压灾害显现特征、影响因素、类型及对策，研究了"冲击地压－顶板疏水－地表沉降"复合冲击地压发生机理，形成了冲击地压防控的开采设计、治理防控、监测预警、采掘布置与围岩控制等关键技术，并得到推广应用。

本书形成过程中，张修峰负责总体设计、主要内容提炼、主要章节编写及统稿；孔令海负责部分章节编写；王超、韩跃勇、顾颖诗负责个别章节的编写。

本书编写过程中得到了煤炭科学技术研究院有限公司、北京科技大学、山东科技大学等院校专家学者的支持，同时参考或引用了许多相关文献，在此一并向所有作者表示感谢！

由于作者水平有限，如有不足之处，敬请批评指正！

著　者

2021 年 6 月

目　　录

1 概　　述

1.1　鄂尔多斯深部矿区煤层赋存条件

鄂尔多斯煤田地处鄂尔多斯盆地，是中国煤炭资源最富集的地区，地跨陕、甘、宁、内蒙古、晋五省区，是中国最大的多纪煤田，世界特大型煤田之一。鄂尔多斯煤田含煤地层全区分布，含有晚古生代石炭二叠纪、中生代三叠纪和侏罗纪含煤岩系，可采煤层 3~5 层，累计厚度 25~40 m。鄂尔多斯地区煤炭资源富集，分布广阔，含煤区面积约 6×10^4 km²，占全市国土面积的 70% 以上。鄂尔多斯市境内由东到西分布有准格尔、东胜、桌子山三大煤田，煤层赋存条件稳定，适宜建设大型、特大型矿井。

鄂尔多斯地区既是我国十四个大型煤炭基地之一，又是九大煤电基地之一。产业升级后，鄂尔多斯地区煤矿机械化开采程度达到 100%，煤矿采煤、掘进、机电、运输、通风、排水、供电、监测监控等系统和调度、生产、经营管理全部实现数字化集成、自动化运行、可视化操作、智能化管理，煤炭百万吨死亡率持续保持在 0.01 以下，处于世界领先水平。

据统计，鄂尔多斯地区的大部分矿区都有采深超 400 m 的煤矿，这些煤矿主要分布在呼吉尔特、新街、纳林河、上海庙等矿区，如图 1-1 所示。在这些煤矿中，煤层埋深 400~800 m 范围的开采煤层约占 81%，大于 800 m 的开采煤层约占 19%；煤层倾角小于 5° 的煤层约占 62%；含煤地层石炭二叠系煤矿数量占 43%，侏罗系占 57%。自 2015 年发生冲击地压以来，随着开采强度的增大，冲击地压已被列为该地区煤炭开采的主要灾害之一。

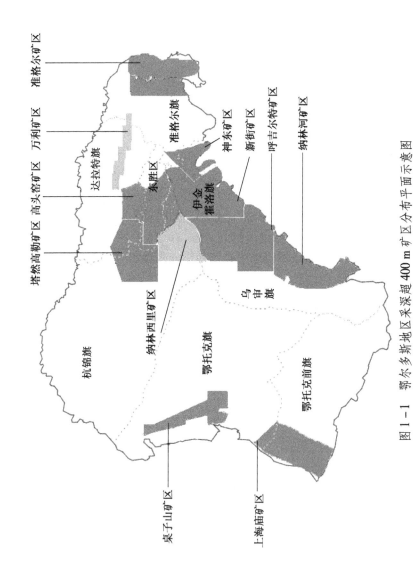

图1-1 鄂尔多斯地区采深超400 m矿区分布平面示意图

准格尔矿区 万利矿区 高头窑矿区 塔然高勒矿区

准格尔旗 达拉特旗 东胜区

神东矿区 新街矿区 呼吉尔特矿区 纳林河矿区

伊金霍洛旗

乌审旗

纳林西里矿区

鄂托克旗

杭锦旗

鄂托克前旗

桌子山矿区

上海庙矿区

2

1.2 鄂尔多斯深部矿井冲击地压显现情况

1.2.1 呼吉尔特矿区冲击地压发生条件及特点

呼吉尔特矿区地属鄂尔多斯市乌审旗管辖，煤炭资源开发程度高，矿区矿井建设期间出现冲击地压现象。

1. 巴彦高勒煤矿

巴彦高勒煤矿位于呼吉尔特矿区南部，煤矿构造形态与区域含煤地层构造形态一致，总体为向北西倾斜的单斜构造，地层倾角 $1°\sim3°$，地层产状沿走向及倾向变化不大。地层沿走向发育有宽缓的波状起伏，区内未发现大的断裂和褶皱构造，亦无岩浆岩侵入。矿井第一水平主采 3-1 煤层，层位稳定，厚度变化小，煤层厚度平均 5.45 m，埋深在 $585\sim675$ m 之间，是全区发育可采的稳定煤层。该煤层结构简单，多数不含夹矸，少数含 $1\sim2$ 层夹矸。与下部的 4-1 煤层间距为 $26.59\sim48.42$ m，平均 37.05 m，间距变化不大。顶板岩性主要为砂质泥岩，少数为粉砂岩；底板岩性主要为砂质泥岩及细粒砂岩。3-1 煤层及顶、底板岩层具有弱冲击倾向性。

该煤矿首采盘区开采第三个工作面时，发生冲击地压，巷道围岩变形明显，工作面超前一定区域范围巷道发生冲击，变形破坏严重。2015 年 7 月 15 日，工作面自开切眼推采至 780 m 时，回风巷出现强烈来压，超前 $30\sim50$ m 非生产帮出现炸帮，煤帮位移 $0.3\sim0.8$ m，多棵单体柱不同程度损坏，靠近工作面 30 m 范围底鼓 $0.5\sim1$ m，5 棵超前架立柱损坏。冲击地压发生时，超前巷道顶板下沉，有部分锚杆、锚索坠断，锚网损坏，两帮挤力大，部分锚杆拉段或整体拉出，锚网损坏严重。

2. 葫芦素煤矿

葫芦素煤矿为盘区两翼布置、工作面邻面接续，工作面设计三巷布置。矿井现主采 2-1 煤层，煤层平均厚度 2.6 m，煤层结构简单，一般不含夹矸或局部含 $1\sim3$ 层夹矸。直接顶为厚度 6.8 m 砂质泥岩，基本顶为厚度 23.4 m 中粒砂岩。

矿井东翼首采工作面与 02 工作面之间的区段煤柱宽度为 35 m，综合机械化生产。东翼 02 工作面回风巷邻近首采工作面采空区。02 工作面推采期间，巷道超前约 200 m 范围矿压显现明显，局部显现剧烈。

3. 门克庆煤矿

门克庆煤矿位于呼吉尔特矿区中部。矿井设计生产能力为 1200×10^4 t/a，核定生产能力为 800×10^4 t/a。井田总体构造形态为向西倾斜的单斜构造，地层倾角 1°～3°，地质构造属简单型，水文地质类型为复杂型。门克庆煤矿采用立井多水平开拓方式，矿井为盘区两翼布置，长壁式一次采全高综合机械化采煤方法，全部垮落法管理顶板。矿井现主采 3 - 1 煤层，煤层平均厚度 4.7 m，直接顶为厚度 17.7 m 中粒砂岩，距离煤层 35 m 以上有厚度为 60 m 细、中、粗粒砂岩组。3 - 1 煤层具有强冲击倾向性，顶、底板岩层具有弱冲击倾向性。发生冲击的工作面设计三巷布置、邻面接续、35 m 区段煤柱，首采工作面倾斜长度 300 m。

2018 年 4 月 8 日，该煤矿 3102 工作面试生产期间，回风巷附近发生冲击显现，微震监测结果为 3.3×10^7 J 的能量事件，震源位于 3101 采空区上方 71 m，与 3102 回风巷的水平投影间距为 53 m，超前 3102 工作面 150 m，如图 1 - 2 所示。图中阴影部分为矿压显现区域，部分单体压弯、木垛倾倒，煤柱帮局部煤体溃出。靠近工作面 40 m 范围底鼓，最大底鼓量约 1.2 m。

现场勘查表明，冲击显现区段主要集中在超前工作面 90 m 范围，回风巷局部巷帮变形、个别单体支柱倾斜、局部底鼓等显现；严重破坏区域约 40 m 范围，顶、底板最大移近量约 2 m、最大底鼓量约 1.2 m，严重破坏区断面缩为原断面的三分之一。

1.2.2 纳林河矿区冲击地压发生条件及特点

纳林河矿区地属鄂尔多斯市乌审旗管辖，是神东煤炭基地的重要组成部分，属东胜煤炭西南的深部区。矿区北与呼吉尔特矿

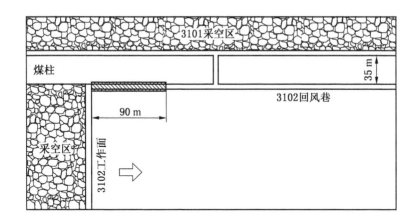

图1-2 门克庆3102回风巷冲击破坏区域平面示意图

区相邻,南、东边界均至蒙陕边界。矿区煤炭资源探明储量约占全旗煤炭资源探明储量的65.8%。矿区规划纳林河二号、纳林河一号、营盘壕等7个井田,黄陶勒盖等5个后备井田及北部勘查区。

纳林河二号煤矿矿井为多盘区布置,现主采3-1煤层,煤层平均厚度5.6 m,直接顶为6.6 m粉砂岩、泥岩互层,上部基本顶为17.2 m中、细粒砂岩,底板为粉砂岩。发生冲击的工作面设计三巷布置、邻面接续、19 m(01工作面与02工作面)区段煤柱,02工作面倾向长度240 m,综合机械化生产。02工作面推采期间,一侧邻采空区的回风巷超前150 m范围巷道变形破坏严重,工作面推采期间多次发生冲击破坏,底鼓达2.1 m,两帮变形严重。超前大直径卸压钻孔全长塌孔密实。

1.2.3 新街矿区冲击地压发生条件及特点

新街矿区位于东胜矿区的西南部,矿区规划六个井田进行开发。红庆河井田位于内蒙古自治区鄂尔多斯市伊金霍洛旗境内,矿井工业场地距扎萨克镇约11 km,周边无生产煤矿及小窑。井田构造总体为向西倾斜的单斜构造，倾角 1°～3°；地层发育有宽缓的波状起伏，未发现褶皱构造，亦无岩浆岩侵入。

矿井采用立井开拓方式，两翼布置盘区，矿井开采 3-1 煤层埋深约 700 m，煤层平均厚度 7.0 m，煤层直接顶为 4.7 m 粉砂岩，上部基本顶为 15 m 细粒砂岩，底板为砂质泥岩。工作面采用长壁一次采全高综采工艺，全部垮落法管理顶板，工作面倾向长度 320 m。$3^{-1}101$ 工作面已采完，$3^{-1}103$ 工作面回风巷与 $3^{-1}101$ 工作面之间留设 60 m 煤柱。2018 年 11 月 30 日，发生一起能量为 4.5×10^6 J 的大能量微震事件，震源位于工作面前方 58 m，如图 1-3 所示。

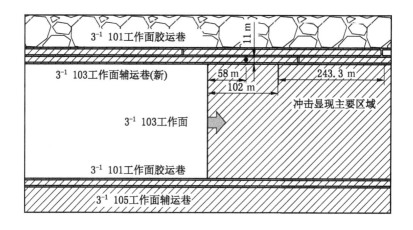

图 1-3　红庆河井田 $3^{-1}103$ 辅运巷冲击破坏区域平面示意图

现场勘查表明，工作面前方 102～345.3 m 范围的新辅运巷内均有不同程度的矿压显现。超前垛架靠回采侧顶板下沉严重，底鼓量在 100～300 mm，局部出现大块矸石，局部工作面侧底鼓严重。

1.3 鄂尔多斯深部矿区冲击地压防治现状

一是浅部开采中未曾发生冲击地压事故,二是 2015 年前的鄂尔多斯矿区不存在冲击地压问题,因而在冲击地压机理与防治方面的成果及经验不多。2015 年以来,该地区煤矿深部开采逐步受到冲击地压、水害等多种因素的困扰,先后多座煤矿发生了较严重的冲击地压事故。冲击地压事故造成工作面或矿井停产时间 3~24 个月不等,对地区能源稳定供应与安全生产造成一定影响。

鄂尔多斯矿区冲击地压基础数据少,对冲击地压危害及主控因素认识存在差异,在冲击地压机理、监测预警、冲击危险区治理、冲击危险巷道围岩支护控制等方面研究不系统,可供参考的经验不多,各矿井在冲击地压区域与局部防冲措施、分区管理与分类防治方面的理解存在较大偏差,井下冲击地压破坏事故多发,深部开采冲击危险性较高。随着对冲击地压防治认识的深入和国家防治煤矿冲击地压的有关要求,冲击地压被列为该地区深部煤炭开采的主要灾害之一。

为此,有的煤矿开始在冲击地压防治技术研究、设备引进、技术引进、人员引进等方面开展了部分工作,积累了一定的冲击地压防治经验。但是鄂尔多斯地区深部矿井开采煤层的大部分鉴定结果均具有冲击倾向性,埋深较大的矿井在煤巷掘进期间都发生过"煤炮""炸帮""弹射"等动力现象,甚至出现如前所述的工作面大范围破坏现象。随着采空区面积的增加,许多工作面进入沿空开采条件,采空区附近煤层的应力集中程度将越来越高,冲击地压灾害防治面临较大挑战。

2 鄂尔多斯深部煤岩体冲击地压基本特性及地应力场特征

煤矿地层条件、地应力、煤层特性及赋存条件等复杂多样，在实际开采扰动影响下，不同时期工作面采动应力场、煤体破坏特性与机制等差异明显。

2.1 鄂尔多斯深部矿区基本地质条件

鄂尔多斯煤田位于华北地区西部内陆坳陷型盆地，总体为宽缓的向斜构造，地质构造简单，煤层赋存稳定。鄂尔多斯台坳由北向南为河套断陷、东胜隆起、赛乌苏坳陷和伊陕斜坡。东胜隆起由北向南构造单元分为乌兰格尔隆起，杭锦旗凹陷和伊金霍洛旗隆起。三叠系上统延长组是侏罗纪聚煤盆地和含煤地层的沉积基底。燕山期（侏罗纪）盆地稳定发展，沉积了延安组、直罗组和安定组；至燕山期末（白垩纪），盆地整体开始抬升、萎缩。白垩纪末盆地最终消失，由接受沉积转而遭受剥蚀，在盆地东北边缘这种剥蚀作用表现得更强烈，形成了第三系上新统与下伏地层延安组角度不整合接触。

该地区深部煤矿整体地质条件简单，断层和褶曲地质构造较少，大多数矿井地质构造为简单型。该地区现主采煤层大都结构简单，层位稳定，大多数煤层平均厚度在 2.79 m、3.91 m、4.16 m、4.22 m、5.01 m、5.51 m、6.26 m 等，有的煤层局部厚度达 7 ~ 10.2 m 以上。该地区煤层底板岩性主要为砂质泥岩，中、细粒砂岩。呼吉尔特、纳林河、新街等代表性矿区煤层上覆 30 m 范围内的地层柱状情况见表 2 - 1 至表 2 - 3。

表2-1 呼吉尔特矿区典型地层柱状（巴彦高勒煤矿某工作面）

序 号	岩 层 名 称	岩层厚度/m
17	细粒砂岩	10.11
16	粉砂岩	2.12
15	细粒砂岩	1.56
14	砂质泥岩	3.18
13	粉砂岩	1.94
12	泥岩	0.18
11	粉砂岩	3.11
10	砂质泥岩	2.6
9	粉砂岩	2.26
8	砂质泥岩	1.27
7	中粒砂岩	11.6
6	细粒砂岩	1.84
5	粉砂岩	1.06
4	中、细粒砂岩	25.56
3	砂质泥岩	1.98
2	细粒砂岩	2.26
1	砂质泥岩	2.55
0	煤层	5

表2-2 纳林河矿区典型地层柱状（营盘壕煤矿某工作面）

序 号	岩 层 名 称	岩层厚度/m
15	粉砂岩	25
14	砂质泥岩	34
13	中粒砂岩	13

表 2-2（续）

序　号	岩　层　名　称	岩层厚度/m
12	砂质泥岩	30
11	粉砂岩	22
10	砂质泥岩	15
9	粉砂岩	53
8	砂质泥岩	8
7	粉砂岩	10
6	中粒砂岩	42
5	砂质泥岩	23
4	粉砂岩	17.5
3	煤层	6.5
2	砂质泥岩	6
1	细粒砂岩	27
0	煤层	6.3

表 2-3　新街矿区典型地层柱状（红庆河煤矿某工作面）

序　号	岩　层　名　称	岩层厚度/m
7	粉砂岩	14.23
6	中粒砂岩	24.40
5	细粒砂岩	23.20
4	砂质泥岩	19.60
3	细粒砂岩	1.00
2	砂质砾岩	9.00

表2-3（续）

序 号	岩 层 名 称	岩层厚度/m
1	粗粒砂岩	21.70
0	煤层	7

2.2 鄂尔多斯矿区煤岩体冲击倾向性特征

根据目前鉴定结果的统计，该地区煤层的强冲击倾向性占比 22%，弱冲击倾向性占比74%，无冲击倾向性占比4%；顶板强 冲击倾向性占比4%，弱冲击倾向性占比92%，无冲击倾向性占 比4%；底板强冲击倾向性占比0%，弱冲击倾向性占比65%， 无冲击倾向性占比35%。煤层单轴抗压强度在8.6~33.4 MPa 之间，有的煤层个别煤样达40 MPa；动态破坏时间主要在 125~944 ms 范围；弹性能量指数主要在4.5~18.7 范围；冲 击能量指数主要在1.8~10.7 范围；顶板弯曲能量指数主要在 53.1~115.7 kJ 范围；底板弯曲能量指数主要在23.8~64.3 kJ 范围。

2.3 鄂尔多斯矿区地应力特征

研究表明，板块相互作用塑造了现今中国大陆活动构造地 貌，并控制着大陆内部地质灾害活动的强度和频度，而鄂尔多斯 断块呈现出东向运动。

板块运动引起地壳内构造块体中应力和能量的重新分布，其 可分为以下四种情况：

（1）在应力降低和能量释放区域进行煤矿开采活动等工程 活动，不会对人类采矿工程活动造成动力影响。

（2）在应力和能量的简单增加区域进行煤矿开采活动等工 程活动，需要采取一定的防治和解危措施，才能保证安全 生产。

（3）在应力增高和能量积聚（最大处于临界状态）区域进行煤矿开采活动等工程活动，必须采取有效的防治和解危措施才能保证安全生产。

（4）能量超过地壳岩体破坏极限区域与人类活动没有任何关系，地壳中积聚的能量以火山喷发、地震、海啸等形式释放出来。

鄂尔多斯盆地西南六盘山弧形构造带由一系列向北东方向凸出的逆断层和褶皱组成，弧形构造带的东南翼呈右行张扭，西北翼呈左行张扭的特点；盆地北部河套弧形地堑系的东北翼呈左行走滑，西南翼呈右行走滑的特点；东部山西地堑系则表现为右行张性断陷带。宏观构造特征表明鄂尔多斯盆地喜马拉雅期构造变形是 NE 向挤压、NW 向拉张联合作用的结果。从区域构造资料分析，主应力方向大体以位于宁夏中部、甘肃和青海交界处的贺兰山以及位于四川、云南中部的滇川构造带为界，分为东西两个明显不同的区域，即贺兰山滇川带以东（东部地区）和以西（西部地区）两个区域。西部地区受到印度板块近南北方向的挤压作用，主应力方向为近南北；东部地区主要受太平洋板块的近东西方向的挤压作用。由于地应力主要受地质构造影响，因此局部范围内地应力有可能发生一定的变化。

2.4 典型矿井的工程地质特征

2.4.1 矿井地质概况

据石拉乌素煤矿矿井地质报告，主采煤层顶、底板以砂质泥岩、粉砂岩为主，细粒砂岩次之，个别为泥岩及中、细粒砂岩，岩层单层厚度大部分小于 10 m，岩体节理裂隙及其他结构面不发育，但岩芯取出地表后易分化破碎。顶、底板岩石自然状态下的抗压强度多数小于 30~60 MPa，只有个别岩石抗压强度超过了 60 MPa，以软弱－半坚硬岩石为主，个别为坚硬岩石。其典型地层结构如图 2-1 所示。2-2 煤层顶、底板岩石工程地质特征见表 2-4。

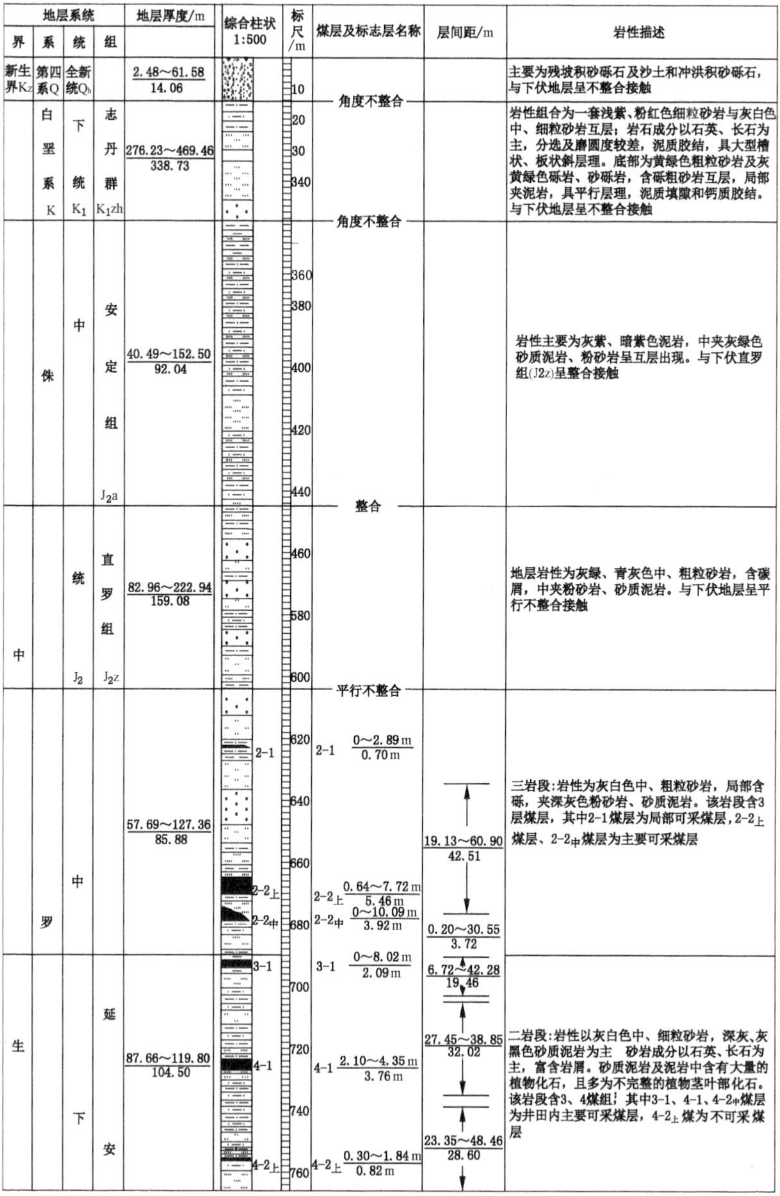

地层系统			地层厚度/m	综合柱状 1:500	标尺 /m	煤层及标志层名称	层间距/m	岩性描述
界	系	统	组					

地层系统				地层厚度/m	综合柱状 1:500	标尺/m	煤层及标志层名称	层间距/m	岩性描述
界	系	统	组						
新生界K₂	第四系Q	全新统Q₄		2.48～61.58 / 14.06		10	角度不整合		主要为残坡积砂砾石和沙土和冲洪积砂砾石,与下伏地层呈不整合接触
	白垩系 K	下统 K₁	志丹群 K₁zh	276.23～469.46 / 338.73		20 / 30 / 340			岩性组合为一套浅紫、粉红色中细粒砂岩与灰白色中、细粒砂岩互层;岩石成分以石英、长石为主,分选ও磨圆度较差,泥质胶结,具大型槽状、板状斜层理。底部为黄绿色粗粒砂岩及灰黄绿色砾岩、砂砾岩,含砾粗粒砂岩互层,局部夹泥岩,具平行层理,泥质填隙和钙质胶结。与下伏地层呈不整合接触
							角度不整合		
	侏	中	安定组 J₂a	40.49～152.50 / 92.04		360 / 380 / 400 / 420 / 440			岩性主要为灰紫、暗紫色泥岩,中夹灰绿色砂质泥岩、粉砂岩呈互层出现。与下伏直罗组(J₂z)呈整合接触
							整合		
中		统	直罗组 J₂ J₂z	82.96～222.94 / 159.08		460 / 580 / 600			地层岩性为灰绿、青灰色中、粗粒砂岩,含碳屑,中夹粉砂岩、砂质泥岩。与下伏地层呈平行不整合接触
							平行不整合		
		中		57.69～127.36 / 85.88		620 / 640 / 660	2-1 / 2-2上 / 2-2中	2-1 0～2.89m / 0.70m 2-2上 0.64～7.72m / 5.46m 2-2中 0～10.09m / 3.92m	19.13～60.90 / 42.51 0.20～30.55 / 3.72	三岩段:岩性为灰白色中、粗粒砂岩,局部含砾,夹深灰色粉砂岩、砂质泥岩。该岩段含3层煤层,其中2-1煤层为局部可采煤层,2-2上煤层、2-2中煤层为主要可采煤层
生	罗		延安组 J₁	87.66～119.80 / 104.50		700 / 720 / 740 / 760	3-1 / 4-1 / 4-2上 / 4-2中	3-1 0～8.02m / 2.09m 4-1 2.10～4.35m / 3.76m 4-2上 0.30～1.84m / 0.82m	6.72～42.28 / 19.46 27.45～38.85 / 32.02 23.35～48.46 / 28.60	二岩段:岩性以灰白色中、细粒砂岩,深灰、灰黑色砂质泥岩为主;砂岩成分以石英、长石为主,富含岩屑。砂质泥岩及泥岩中含有大量的植物化石,且多为不完整的植物茎叶部化石。该岩段含3、4煤组,其中3-1、4-1、4-2上煤组;其中4-2上煤层为井田内主要可采煤层,4-2中煤层为不可采煤层

图 2-1 井田地层综合柱状图

表2-4 可采煤层顶、底板岩石工程地质特征表

煤层	顶、底板	岩　性	抗压强度/MPa	岩石强度分类
2-1	顶板	砂质泥岩	35.3	半坚硬
	底板	粉砂岩	33.3～56.0	半坚硬
2-2上	顶板	砂质泥岩、粉砂岩、细粒砂岩	14.4～48.6	软弱-半坚硬
	底板	砂质泥岩、粉砂岩、细粒砂岩	21.3～48.2	软弱-半坚硬
2-2中	顶板	粉砂岩、细粒砂岩、砂质泥岩	14.4～39.2	软弱-半坚硬
	底板	砂质泥岩	21.3～42.6	软弱-半坚硬
3-1	顶板	砂质泥岩、粉砂岩、细粒砂岩	32.3～66.3	半坚硬-坚硬
	底板	细粒砂岩、砂质泥岩、粉砂岩、泥岩	31.5～47.1	半坚硬

2.4.2　矿井煤岩体冲击倾向性鉴定结果

石拉乌素煤矿2-2煤层及顶、底板岩层冲击倾向性鉴定结果见表2-5至表2-7。

表2-5　石拉乌素煤矿2-2煤层冲击倾向性鉴定结果

试件编号	动态破坏时间/ms	弹性能量指数	冲击能量指数	单轴抗压强度/MPa
1	54	4.00	6.60	20.012
2	60	3.75	2.72	28.003
3	146	6.67	3.14	29.768
4	48	5.53	4.00	——
5	108	4.03	2.75	——
平均值	83.2	4.79	3.84	25.927
冲击倾向性	弱	弱	弱	强

表 2-6 石拉乌素煤矿 2-2 煤层顶板冲击倾向性鉴定结果

岩层	岩性	层厚/ m	上覆岩层载荷/MPa	弹性模量/ GPa	密度/ (kg · m⁻³)	单轴抗拉强度/ MPa	弯曲能量指数/ kJ
顶4	细粒砂岩	14.2	0.327	12.913	2351.01	2.29	61.476
顶3	砂质泥岩	4.97	0.429	10.926	2412.66	2.55	2.903
顶2	细粒砂岩	2.81	0.490	14.722	2435.75	2.62	1.961
顶1	砂质泥岩	6.67	0.582	14.346	2509.30	2.56	5.920
合计							72.260

表 2-7 石拉乌素煤矿 2-2 煤层底板冲击倾向性鉴定结果

岩 性	层厚/ m	上覆岩层载荷/MPa	弹性模量/ GPa	密度/ (kg · m⁻³)	单轴抗拉强度/MPa	弯曲能量指数/kJ
砂质泥岩	14.25	0.354	11.548	2534.64	2.28	23.778

营盘壕煤矿 2-2 煤层属于 Ⅱ 类，为具有弱冲击倾向性的煤层，2-2 煤层复合顶板岩层属于 Ⅱ 类，为具有弱冲击倾向性的岩层，见表 2-8 至表 2-10。

表 2-8 营盘壕煤矿 2-2 煤层冲击倾向性鉴定结果

动态破坏时间/ms	弹性能量指数	冲击能量指数	单轴抗压强度/MPa	鉴定结果	
944	4.94	6.25	13.3	Ⅱ类	弱

表 2-9 营盘壕煤矿 2-2 煤层顶板冲击倾向性鉴定结果

类型	岩性	厚度/ m	单轴抗拉强度/MPa	弹性模量/ GPa	上覆岩层载荷/MPa	弯曲能量指数/kJ	鉴定结果	
顶板	砂质泥岩	7.60	5.43	9.77	0.232	86.5	Ⅱ类	弱

表 2 - 10   营盘壕煤矿 2 - 2 煤层底板岩层冲击倾向性鉴定结果

类型	岩性	厚度/ m	单轴抗拉强度/MPa	弹性模量/ GPa	上覆岩层载荷/MPa	弯曲能量指数/kJ	鉴定结果	
底板	砂质泥岩	6.40	4.41	10.77	0.190	36.6	Ⅱ类	弱

2.4.3 矿井地应力实测结果

石拉乌素煤矿原岩应力测量结果表明 4 个测点最大主应力的倾角均小于 ±30°，最大主应力均为水平应力，最大水平应力的方位角为 79.98°～82.87°，最大水平应力大于垂直应力。最大水平应力、最小水平应力、垂直应力以及三者之间的关系列于表 2 - 11。石拉乌素煤矿地应力分布特征如下：

（1）原岩应力场的最大主应力为水平应力，最大水平应力的大小为 26.16～28.94 MPa，方位角为 79.98°～82.87°。

（2）最大水平应力大于垂直应力，最大水平主应力为垂直应力的 1.47～1.78 倍，对井下岩层的变形破坏方式及矿压显现规律会有明显的影响。

（3）实测的最大水平主应力为最小水平主应力的 2.13～2.50 倍，水平应力对巷道掘进的影响具有较为明显的方向性。

（4）实测的垂直应力与按照上覆岩层厚度和容重计算的垂直应力基本相近。

表 2 - 11   石拉乌素煤矿原岩应力测量结果

测点	最大主应力/ MPa	最小主应力/ MPa	中间主应力/ MPa	比值 $\left(\dfrac{最大主应力}{中间主应力}\right)$	比值 $\left(\dfrac{最大主应力}{最小主应力}\right)$
S1	28.94	13.59	16.24	1.78	2.13
S2	27.31	12.62	17.08	1.60	2.16
S3	27.65	11.05	17.80	1.55	2.50
S4	26.16	10.91	17.74	1.47	2.40

石拉乌素煤矿最大主应力的方位角为 79.98°~82.87°，应力值为 26.16 ~ 28.94 MPa；中间主应力方位角为 327.25° ~ 347.94°，应力值为 14.88 ~ 19.10 MPa；最小主应力方位角为 169.85°~175.78°，应力值为 10.91 ~ 13.59 MPa。

3 鄂尔多斯深部矿井冲击地压特征、影响因素、类型及防治对策

3.1 鄂尔多斯深部矿井冲击地压灾害显现特征

3.1.1 冲击破坏发生条件

鄂尔多斯地区大部分煤矿为千万吨级现代化矿井，机械化程度高，煤层开采强度大，因此相比浅部煤层的开采，开采深部煤层的工作面矿压及其显现程度明显升高。由于没有考虑防治冲击地压灾害，大采深复杂地层结构的影响为煤层巷道冲击破坏孕育了条件，主要表现如下：

（1）埋深大、地应力高。前述深部矿区开采深度几乎都在600 m以下，自重应力大。

（2）煤岩具有冲击倾向性。矿区开采的煤层及顶、底板岩层均具有冲击倾向性，且厚煤层有软弱夹层结构，积聚弹性能的属性强，冲击地压发生可能性高。

（3）巨厚基岩地层结构厚度大、整体性强，而第四系松散层却很薄，且工作面开采范围大，顶板悬露面积大，导致顶板下沉运动更易积聚弹性能。覆岩组合结构运动下沉时释放的能量越大，冲击危险越大。

（4）矿区地层局部富水性强。如呼吉尔特矿区某煤矿开采期间，涌水量从0增加至660 m³/d，疏放水改变了岩层物理和力学状态，间接对下部煤岩体应力分布造成影响，增大了局部冲击危险性。

（5）开采设计不合理。矿井采掘工作面采取综合机械生产，

在高强度开采影响下，宽度较大的区段煤柱易形成高集中应力，增大了冲击危险。

（6）工作面开采强度高。矿区大部分矿井，巷道断面较大，断面积大于 20 m²，工作面综合机械化开采工效高，开采强度大，推采速度快。

（7）巷道围岩支护与控制方案有待研究。虽然许多矿井都选用了适于大型现代化设备运输和存放的大断面巷道，但是在高强度开采影响下，围岩破坏范围大，巷道支护与控制方案仍有待深入研究。

3.1.2 冲击破坏特征

根据近五年来该地区深部矿井冲击地压破坏现象及宏观显现，冲击破坏特征如下：

（1）冲击破坏影响范围大，具有明显的周期性，冲击破坏范围至少在百米以上，最大破坏范围近 400 m，如图 3-1 所示。

（2）采空区附近区域冲击破坏严重。其中，工作面超前范围的巷道冲击破坏最严重，即采煤工作面下出口及超前煤岩体；侧向距采空区边界从 15~60 m 范围均发生过破坏性剧烈的冲击地压显现。

（3）邻采空区巷道超前影响范围破坏明显，煤柱侧围岩位移明显，两帮移近量达 2 m，顶、底板移近量达 3 m，巷道断面"收缩"剧烈。

（4）实体煤层巷道冲击破坏不明显，即距采空区边界较远的实体煤层区域（一般大于 300 m），煤岩体发生冲击地压的概率很小，几乎不发生。

（5）工作面为三巷大煤柱间隔布置，煤柱宽度在 15~40 m，煤柱集中应力高，巷道布置在高应力区，增大了冲击危险性。

（6）其他特征，如发生冲击地压的煤岩体大都为弱冲击倾向性。

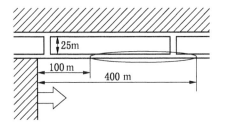

(a) 冲击破坏区域平面图

(b) 工作面破坏照片   (c) 机尾超前巷道破坏照片

图 3-1　部分冲击地压事故案例示意图

3.2　冲击地压主要影响因素

在鄂尔多斯深部矿井，冲击危险影响因素可分为地质因素和开采技术因素两类。地质因素主要包括开采深度、冲击倾向性等因素。开采技术因素主要包括开切眼及终采线位置、工作面倾向长度等因素。

3.2.1　地质因素

1. 开采深度

根据冲击地压发生的应力准则，当煤体中的垂直应力为煤体单轴抗压强度的 1.5 倍，煤体就具备了发生冲击地压的应力条件，对应的埋深为临界冲击深度。假设掘进、回采、沿空巷道工作面应力集中系数分别为 k_1，k_2，k_3，…，k_n 煤层单轴抗压强度为 σ_c，则可以分别得到煤层掘进、回采、沿空巷道工作面的临界冲击深度 H_n，其计算式为

$$H_n = \frac{1.5\sigma_c}{k_n\gamma}$$ （3 – 1）

式中　n——1，2，3 分别表示为掘进工作面、回采工作面和沿空巷道工作面；

　　　　γ——上覆岩层容重，kN/m^3。

根据多个矿井工作面冲击危险性评价结论可知，许多煤矿主采煤层单轴抗压强度为 13 ~ 30 MPa，取应力集中系数 k_1，k_2，k_3 分别为 1.5、2.0、2.5，代入式（3 – 1）求解得到的结果都小于工作面实际平均埋深。如营盘壕煤矿 2401 主采的 2 – 2 煤层单轴抗压强度为 13.3 MPa，掘进、回采、沿空巷道工作面临界冲击深度分别为 532 m、399 m、319.2 m，而 2401 工作面平均埋深 745.6 m，工作面开采深度较大，掘进和回采均大于临界深度。因此大埋深对工作面冲击地压影响较大。

2. 冲击倾向性

鄂尔多斯深部矿井主采煤层及顶、底板岩层大都具有冲击倾向性，在一定的煤层赋存、地质、开采等条件下，有发生冲击地压的危险。

3. 地质构造

冲击地压的发生与地质构造及地应力的大小和方向密切相关。地质构造区常形成局部高应力区域，是冲击地压多发地段。当工作面推至构造区域时，矿压显现常出现异常。如断层、褶曲、煤层倾角或厚度变化带等地应力异常的地质构造区域附近，是冲击地压多发区域，冲击地压危险程度较高。在矿井范围内，新老构造体交互存在，采掘扰动破坏的煤岩体处于重力应力场和构造应力场的共同影响之下。随着矿山开采深度的不断增加，地应力对采矿工程的影响越来越严重，使得井巷工程的支护更加困

难，冲击地压等煤矿灾害发生的概率越来越大。

鄂尔多斯深部矿井局部有小的波状起伏，整体地质构造属简单型。结合本书2.3节地应力实测结果可知，鄂尔多斯煤田地质构造应力水平不高。

4. 多组厚层砂岩组地层

鄂尔多斯深部矿井地层中存在多组厚层较坚硬－坚硬砂岩层组合。工作面推采过程中，复合顶板强度较高，当遇采空区面积较大时，多层高位砂岩层（平均厚度≥10 m）组之间产生多个离层空间，侧向地层岩体积聚大量弹性能，造成侧向煤岩体承受较高载荷，易产生动力响应，导致工作面围岩应力集中程度明显，煤体储存大量弹性能，容易诱发冲击地压事故，如图3－2所示。

3.2.2 开采技术因素

开采技术因素对冲击地压的影响主要与采动应力密切相关。不同于浅部开采，深部工作面地层运动范围越大，采动应力影响范围越大。当开采设计参数不合理时，将形成采动高应力区，增大采掘工作面冲击危险性。尤其是工作面非充分开采条件下，随着侧向采空区尺寸的增大，侧向煤体承受载荷较高，当工作面倾向长度和区段煤柱宽度处于高应力状态时，易诱发冲击地压灾害的发生。通过分析鄂尔多斯矿区已发生的多起冲击地压破坏事故可知，事故工作面均为非充分开采条件，且工作面区段煤柱宽度较大。

1. 开切眼及终采线位置

开切眼或终采线位置是否对齐是影响开切眼或终采线附近区域冲击地压危险程度的重要因素。在两个工作面开切眼或终采线所形成的不规则煤柱区域，应力集中程度急剧上升或剧烈变化，冲击地压危险程度较高。

2. 工作面倾向长度

工作面倾向长度不合理，使工作面巷道布置在高应力区，增大冲击危险；当在煤层高应力区域进行采掘时，易于发生冲击

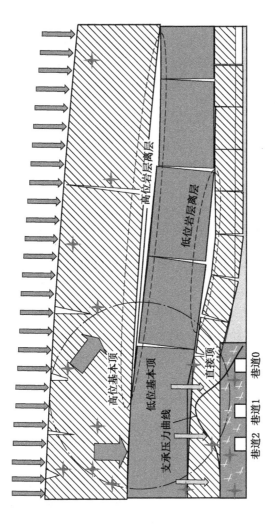

图 3-2 侧向采动覆岩结构

地压。

3. 工作面区段煤柱

煤柱区域会形成高应力集中区，当在该区域煤层进行采掘活动时，易发生冲击地压。在深部或高应力区，工作面区段煤柱宽度较大，沿空工作面邻近采空区的巷道布置在高应力区，增大了冲击危险。当形成孤岛煤柱或开切眼及终采线位置不合理时，将形成煤岩柱集中应力区，增大冲击地压危险。

4. 工作面进尺

工作面进尺不均匀，推进速度忽大忽小时，将会形成采动应力的不均衡调整或突变，造成地层积聚释放的能量的不均衡，增大了采动围岩破坏释放大能量事件的可能性和冲击地压危险。

5. 工作面回撤通道

"辅巷多通道"比传统回撤工艺提高了 3～5 倍，但该技术也存在工作面末采期易发生冒顶和压架的风险。实践表明，随着采深增大到 250 m 左右，采用"辅助多通道"快速回撤工作面的辅助巷道容易引发冒顶事故。在深部开采中，工作面采动应力影响范围增加，终采线外侧区域受工作面超前应力影响，煤体处于承压状态，具有一定的冲击危险性。随着采深增大，"辅助多通道"快速回撤技术在工作面回撤中将面临更多的问题。

6. 底板煤层

巷道开挖掘进前，煤岩层首先在采动影响下出现应力升高，围岩积聚能量、局部破坏、释放能量；巷道开挖掘进成巷后，发生破坏的煤岩层瞬时卸载荷，围岩应力转移调整，巷道围岩局部应力和变形趋于稳定，围岩支护承载结构逐渐形成。在局部高应力条件下，巷道围岩积聚了大量弹性能，当应力及变形达到冲击破坏条件时，发生冲击破坏。鄂尔多斯深部煤矿由于底板煤岩体易发生脆性破坏，当顶帮煤体产生的压力和能量传递到底板时，底板强度不足以支撑，便会从巷道空间释放出来，发生冲击破坏。

7. 采掘扰动

在工作面采掘过程中，周围煤岩体将形成支承压力高应力区，如果多个工作面之间或与巷道硐室之间的距离较近，将会形成应力场的叠加，增大了工作面或巷道硐室围岩应力，在一定开采条件下可能成为诱发破坏性冲击地压的重要因素之一。

8. 巷道交岔

工作面巷道开挖后，巷道围岩由三向受力状态转变为两向受力状态或单向受力状态，初始应力会重新分布，在巷道的两帮会形成应力集中，巷道顶板会形成卸载区。当掘进支巷时，在交岔段附近两条巷道的支承压力区和顶板卸载区相互叠加，巷道交岔形成的一定角度区域应力集中程度显著，围岩承载能力降低，更易发生塑性破坏。当应力超过岩体的极限强度时，围岩发生破裂、失稳现象，易诱发冲击动力灾害。交岔点处围岩的稳定性与交岔角度的大小密切相关，交岔角度越大，围岩稳定性越好。

3.3 冲击地压类型

3.3.1 鄂尔多斯深部矿井典型冲击破坏条件及特征分析

鄂尔多斯深部矿井地层中存在多组厚层较坚硬－坚硬砂岩层组合。当工作面推采过程中，复合顶板强度较高，采空区面积较大时，多层高位砂岩层（平均厚度 ≥10 m）组之间产生多个离层空间，侧向地层岩体积聚大量弹性能，使侧向煤岩体承受较高载荷，易产生动力响应，从而造成工作面围岩应力集中程度明显，导致煤体储存大量弹性能。

上覆岩层离层空间结构中厚层砂岩组的运动下沉与失稳是释放大能量的直接动力源。在该动力源的影响下，工作面或巷道围岩支护承载结构承受动压影响，当工作面支架支撑能力或巷道围岩支护承载结构不能满足抵抗这种应力波的扰动时，工作面支架将被破坏或巷道支护承载结构发生冲击地压。

在工程实践中，实际地层赋存条件非常复杂，煤岩层赋存属性不仅变化多样，且新老地质构造造成煤岩体节理裂隙复杂发育，地应力大小及方向更加复杂，这增加了冲击地压防控难度。

3.3.2 冲击地压类型

冲击地压诱因复杂多样，可从不同角度进行分类：

（1）按煤岩体类别，可分为煤层冲击和岩层冲击。

（2）按震级及抛出煤量，可分为轻微冲击地压、中等冲击地压和强烈冲击地压。

（3）按显现强度，可分为弹射、煤炮、微冲击和强冲击。

（4）根据应力加载类型，可分为重力型、构造型、震动型和综合型冲击地压。

（5）根据矿井冲击地压特征，可分为大埋深、构造、坚硬顶板、煤柱和混合型。

根据统计，从冲击地压机理和主控因素分析来看，鄂尔多斯深部矿井冲击地压破坏类型可分为如下 3 种：

（1）高地应力型，如高地应力下的煤岩体局部破坏、弹射、围岩结构冲击破坏。

（2）覆岩结构作用型，如覆岩结构作用下高应力煤岩体冲击破坏、顶板动压诱发冲击破坏、采掘扰动诱发冲击破坏和煤柱集中应力下煤岩体冲击破坏。

（3）综合型，如复杂条件局部围岩应力叠加导致煤岩体冲击破坏、巷道围岩蠕变冲击破坏、围岩弹性能积聚导致煤岩体冲击破坏并诱发矿震反应。

基于上述分析，鄂尔多斯深部矿井冲击地压类型主要为覆岩结构作用型和综合型。矿井或工作面类型需结合具体条件进行分析。

3.2.3 冲击地压类型案例解析

红庆河煤矿 $3^{-1}103$ 新辅运巷冲击显现区域如图 3-3 所示。

2018 年 6 月 14 日 18 时 31 分，$3^{-1}103$ 工作面停产检修期间，工人正在新辅运剁架处准备拉超前架，冲击破坏发生时现场有爆破声，随后 $3^{-1}103$ 胶运巷机尾听到强烈爆破声，煤帮有片

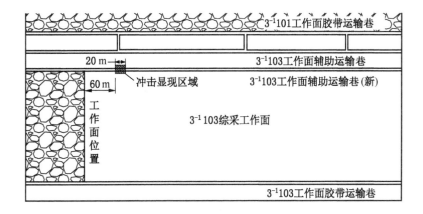

图 3 - 3 红庆河煤矿 3⁻¹103 新辅运巷冲击显现区域示意图

帮掉渣情况。新辅运巷大能量爆破后，向大巷方向有强烈气流，煤尘飞扬，个别超前支架的安全阀有损坏，局部区域底鼓、帮鼓明显，局部巷宽 3.2 m，巷帮肩窝有多处网片撕裂开口达 300～400 mm，原吊顶梁、木垛的网丝有崩断现象，无人员受伤情况。

从发生区域附近的钻孔柱状图来看，该处煤层厚度为 6.9～7.23 m；煤层上方直接顶为粉砂岩，厚度约为 9 m；基本顶为细粒砂岩，厚度约为 14 m；上方赋存有一层中砾岩，硬度较大，厚度约为 5 m。砾岩层上部分别赋存有一层中粒砂岩、细粒砂岩，厚度较大，分别为 21 m 和 43 m，详情见表 3 - 1。

表 3 - 1 工作面上覆岩层情况

序　号	岩　性	厚度/m	埋深/m
1	粉砂岩	19.15	620.49
2	砂质泥岩	10.67	631.16

表 3 - 1 (续)

序　号	岩　性	厚度/m	埋深/m
3	细粒砂岩	44.90	676.06
4	中粒砂岩	20.94	697.00
5	中砾岩	5.73	702.53
6	细粒砂岩	14.68	717.41
7	粉砂岩	9.11	726.52
8	3 - 1 煤层	7.23	733.75
9	砂质泥岩	15.25	749.00

通过分析本次冲击事件的原因可知，矿井主采的 3 - 1 煤层具有较大的埋深，平均超过 700 m，形成高应力场环境。同时，$3^{-1}101$ 采空区和 $3^{-1}103$ 采空区形成后，事故区域煤层上方赋存有总厚度约 65 m 的砂岩层组，完整性较好，该岩层组并未完全垮断和下沉，仍可能存在悬顶现象。因此鉴于 $3^{-1}101$ 采空区和 $3^{-1}103$ 采空区高位覆岩层的存在，使得高位覆岩层形成的 $3^{-1}101$ 采空区侧向支承压力和 $3^{-1}103$ 采空区超前支承压力叠加，而 $3^{-1}103$ 新辅运巷正处于支承压力叠加影响区，煤岩体应力接近或达到 $3^{-1}103$ 新辅运巷道围岩极限强度，形成一定范围的极限平衡区。受 $3^{-1}103$ 工作面的采掘活动扰动，上方高位岩层极限平衡状态被破坏，发生岩层错动或断裂，产生的动载与极限平衡区内的高应力相叠加，诱发了冲击显现。冲击发生后，能量以震动波的形式通过巷道煤柱和巷道帮部的实体煤向巷道围岩传递，并在无支护措施的底板砂岩层发生显现。

3.4　冲击地压防治技术对策

根据前述研究，冲击地压防治技术对策如图 3 - 4 所示。

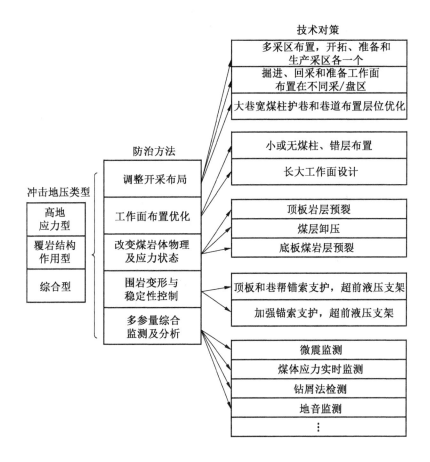

图 3-4 冲击地压防治技术对策

3.4.1 开采设计对策

基于人工可控技术装备及科学设计，超前主动改变围岩结构中煤岩体的物理力学属性，分类管理、分区分级施策，实现"高弹性能分次释放、高应力深部转移"，即煤岩体应力优化技术，最终达到降低冲击危险及强度的目标。

1. 开采布局

从矿井全局防冲层面，科学设计多采区、多场地工作面布置方案，人为地延长上覆岩层稳定时间，直接减缓采动相互影响时间，使得弹性能空间上多处分解、时间上多频次释放，实现区域控制冲击地压发生条件。

2. 工作面布置方案

在提高生产能力的同时，降低采动应力集中程度。工作面宽度由现在的 250 ~ 280 m 加大至 320 ~ 350 m。同时将回采巷道布置由三巷设计方案改为双巷设计方案。

3. 煤柱留设宽度

工作面之间采取小煤柱隔离，煤柱留设宽度一般取 3.5 ~ 5.5 m。工作面与大巷的水平间距一般不小于 200 ~ 300 m。

3.4.2 煤岩改性对策

通过对煤岩体实施人工改性措施，促使煤岩体产生局部破裂，并利用煤岩体增量载荷作用，直接或间接改变一定区域范围内煤岩体的力学状态，降低煤岩体应力集中和能量积聚程度，从而实现无冲击危险的目的。其主要途径包括大直径卸压钻孔、顶板岩层预裂及深孔爆破预裂等技术。

3.4.3 巷道围岩变形控制对策

为降低冲击破坏的影响，应在已有锚网支护的基础上，进一步提高巷道支护结构的完整性，采取两次主动支护技术，即煤岩体变形增量和变形速度的控制，实现途径如下：

（1）煤岩体变形增量防控技术。在巷道围岩变形量较大、冲击危险程度较高的区域，加大顶板锚梁、巷帮锚索等支护力度，提高巷道支护体稳定性和整体性，并安装整体性能较好的超前液压支架，提高支护强度，控制应变增量。

（2）煤岩体变形速度防控技术。在冲击危险程度较强的区域，通过采取围岩加强锚索支护，提高支护强度，控制应变速度。

3.4.4 智能化监测预警技术

考虑疏放水影响，集成水文地质数据、冲击地压监测结果和各类开采数据等云信息，在冲击地压预警算法及指标体系的基础上，研发冲击地压复合灾害多参量监测预警平台系统，实现鄂尔多斯深部矿区冲击地压智能化监测预警。

4 鄂尔多斯深部疏放水工作面冲击地压发生机理

4.1 工作面冲击地压的覆岩运动作用机制

4.1.1 工作面覆岩运动下沉特征

为区分顶板岩层"三带"，自煤层向上，将煤层上覆地层分为即时加载带、延时加载带、高位静载带，即载荷三带，如图 4 - 1 所示。

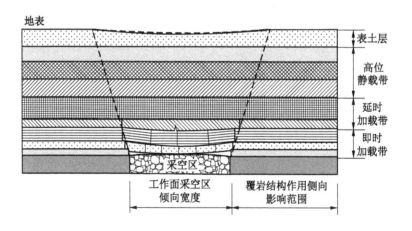

图 4 - 1　煤矿地层载荷三带结构走向剖面结构示意图

覆岩载荷三带模型的建立是为了分析上覆岩层载荷对工作面及周边围岩应力的影响，其具体含义如下。

即时加载带（Instant Loading Zone，简称 ILZ 带）：随着回采

工作的进行会在短期内发生周期性挠曲、破裂和垮落，可以即时充填采空区并形成承载结构的岩层组。其岩层组包括直接顶、基本顶及其上方部分岩层。对于 ILZ 带，其内部岩层会随着回采的进行发生冒落、回转等剧烈运动并形成承载结构，由此产生的应力会立即在工作面煤壁内显现。岩层的剧烈运动会直接影响工作面冲击危险性，其厚度与采高密切相关。

延时加载带（Delay Loading Zone，简称 DLZ 带）：其位于 ILZ 带以上，在回采初期悬顶，但随着所承受的载荷超过自身强度而在较长一段时间内逐步发生离层和断裂的岩层组。对于 DLZ 带，其运动产生的应力会在工作面开采过程中以及开采完毕后较长一段时间内逐步显现，直到内部岩层形成稳定的"拱"形结构。其厚度与采空区宽度相关。

高位静载带（Static Loading Zone，简称 SLZ 带）：其位于 DLZ 带以上直至地表，仅对下部岩层施加来自自重的静压力的地层组。由于远离采空区，SLZ 带受采动的影响较小，内部各岩层组仅发生弯曲下沉，不会产生离层。其岩层组内部所受的上覆岩层自重应力在水平方向的应力变化梯度较小，视为均布载荷，所有岩层最终下沉量会直接在地表体现。

采场覆岩的载荷三带结构模型与传统的冒落带、裂隙带和弯曲下沉带概念既有联系又有所区别，两者划分标准不同、应用领域不同。传统地层三带按岩层运动形态对上覆岩层进行划分，而载荷三带是据覆岩运动对下方煤体施加应力影响的时间效应划分。载荷三带核心在于应力加载方式及时间效应，载荷三带厚度随着开采阶段和开采强度的不同而变化，以煤岩动力灾害控制为目标，不涉及地表沉陷、防治水和瓦斯防治等方面。一般而言，在标准形态下，ILZ 带在空间上包括了冒落带和部分先下沉的裂隙带；DLZ 带在空间上包括了部分后下沉的裂隙带和部分存在岩体破裂的弯曲下沉带；SLZ 带是可以视为均布载荷的弯曲下沉带上部地层。

由于工作面的冲击危险性受本工作面和周边开采条件的共同

影响，覆岩载荷三带及其运动包括了整个采场连续开采范围内的覆岩运动。载荷三带的厚度是以采场范围来考量，而非正在开采的某工作面。

1. 即时加载带岩层的厚度 M_{ILZ}

根据即时加载带的定义，随着工作面从开切眼开始推进，采场上覆岩层因采空区会出现在短期内发生冒落和剧烈的回转运动，充填采空区并形成承载结构，因此即时加载带岩层破坏运动的高度 H_{ILZ} 即为其厚度，其计算式为

$$H_{ILZ} = \frac{h}{K_A - 1} \qquad (4-1)$$

式中　　h——采高，m；

K_A——岩石的碎胀系数；

H_{ILZ}——即时加载带岩层破坏运动的高度，m。

此处选用垮落带计算方法，K_A 取值一般为 $1.1 \sim 1.3$。由于即时加载带与垮落带定义的区别，即时加载带岩层不仅包括定义中垮落岩层，还包括随着回采活动的进行，在短时间内可以断裂回转形成承载结构的岩层组，其范围较垮落带大，因此即时加载带岩层的厚度为

$$M_{ILZ} = H_{ILZ} \approx 10h \qquad (4-2)$$

式中　M_{ILZ}——即时加载带岩层的厚度，m。

此处 K_A 的取值为 1.1。由此可见，即时加载带的厚度与工作面采出高度联系紧密，冒高效应明显。

2. 延时加载带岩层的厚度 M_{DLZ}

随着采空区被即时加载带内的岩层完全充填，更高层位的岩层由于没有垮落空间而无法立即发生断裂下沉，因此会在较长一段时间内随着所承受的载荷超过自身强度而逐步发生离层和断裂。一般的岩层运动理论认为，从采场开切眼推进起，到地层运动进入充分采动阶段为止，采场上方破裂岩层形成结构的最大高度 H_{DLZ} 约为连续开采范围短边宽度 L 的 $1/2$，延时加载带岩层的厚度 M_{DLZ} 计算式为

$$M_{\mathrm{DLZ}} = H_{\mathrm{DLZ}} - H_{\mathrm{ILZ}} = \frac{L}{2} - 10h \qquad (4-3)$$

式中　M_{DLZ}——延时加载带岩层的厚度，m；

　　　H_{DLZ}——延时加载带岩层的高度，m；

　　　L——连续开采范围短边宽度，m。

因此，采区连续开采短边宽度决定工作面延时加载带的厚度 M_{DLZ}，采宽效应明显。

3. 高位静载带岩层的厚度 M_{SLZ}

根据高位静载带定义，在延时加载带上方，直至地表范围的岩层组皆为高位静载带，其计算式为

$$M_{\mathrm{SLZ}} = H - M_{\mathrm{ILZ}} - M_{\mathrm{DLZ}} \qquad (4-4)$$

式中　M_{SLZ}——高位静载带岩层的厚度，m；

　　　H——开采深度，m。

高位静载带的厚度由 H、M_{ILZ} 和 M_{DLZ} 共同决定。

4. 载荷三带的退化结构

当正常回采的工作面处于非充分采动条件时，岩层结构为"ILZ"+"DLZ"+"SLZ"标准三带模型，按照上述公式计算厚度。

当工作面推采距离很小，$L/2 < 10h$ 时，上覆岩层的延时加载效应不明显，视为不存在延时加载带，岩层结构退化为"ILZ"+"SLZ"两带结构。

当工作面埋深小于 $L/2$ 时，上覆岩层的破裂会缓慢扩展到地表，高位静载带全部退化进入延时加载带的范围，岩层结构退化为"DLZ"+"ILZ"两带结构。

当工作面覆岩强度很低，岩层的垮落立即在地表呈现，延时加载效应不明显，岩层结构退化为"ILZ"+"SLZ"两带结构。

对于冲击地压防治而言，"ILZ"+"DLZ"+"SLZ"的标准三带结构是研究的重点。

5. 载荷三带厚度计算公式的适用条件

载荷三带厚度的上述计算方法主要针对一般地层。在实际计算载荷三带高度时，可先采用上述计算公式。若地层条件较特

殊，如存在巨厚坚硬岩层，则计算结果可能与实际值有偏差，此时可以结合柱状图和实际测得的结果进行综合判断。

4.1.2 覆岩载荷三带及其运动范围

即时加载带和延时加载带的覆岩运动将会对工作面围岩采动应力大小及分布产生明显的影响，影响范围由采场的尺寸决定。根据不同阶段采场区域的变化，将覆岩载荷三带及其运动分为如下几个阶段：

1. 首采工作面形成阶段

首采工作面 A 双侧巷道及开切眼形成，此时工作面范围内的巷道四周均为实体煤。由于支护措施的作用，巷道上方不存在垮落的岩层，可能存在小范围的顶板离层。该阶段巷道周边应力可近似为弹性力学中半无限平面圆孔受力状态。

2. 首采工作面推采初次来压阶段

首采工作面 A 从开切眼开始回采，采空区范围逐渐扩大，直接顶垮落、基本顶断裂，随着初次来压的出现，标志着采场即时加载带的应力影响区域形成，由顶板运动带来的超前支承压力开始显现，如图 4 - 2 所示。该阶段采空区宽度小，延时加载带岩层运动厚度不大，形成大面积悬顶的可能性较小，因此即时加载带岩层运动与工作面走向超前采动应力是该阶段影响冲击地压危险的主要力源，此时覆岩结构为"ILZ" + "SLZ"两带结构。

3. 首采工作面见方阶段

初次来压后，随着采空区范围逐渐增大，工作面 A 达到见方位置。此时，上覆岩层最大破裂高度达到采空区短边宽度的 $1/2$，H_{DLZ} 达到单工作面开采的最大值。位于即时加载带上方，厚度为 M_{DLZ} 的延时加载带岩层会在较长一段时间内缓慢运动，逐渐对下方采场产生应力影响，形成范围较大的侧向支承压力和超前支承压力，如图 4 - 3 所示。

4. 沿空工作面 B 开采初次来压阶段

随着沿空工作面 B 的开采，之前已经稳定的顶板结构被破坏。与工

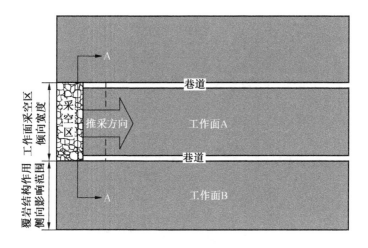

(a) 平面投影

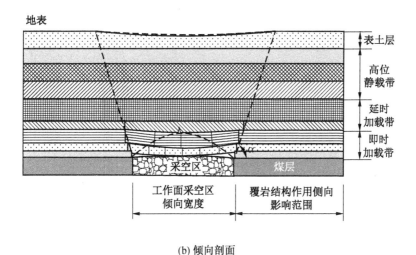

(b) 倾向剖面

图 4-2 工作面 A 初次来压阶段

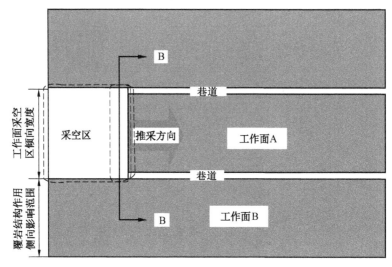

(a) 平面投影

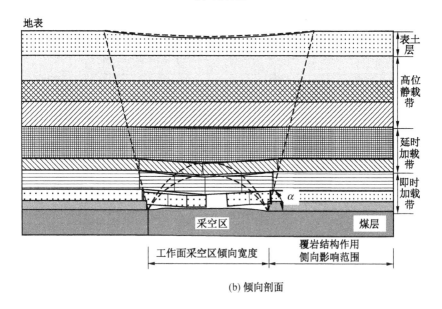

(b) 倾向剖面

图 4-3　工作面 A 见方状态阶段

作面 A 的即时加载带同高度的工作面 B 上方的覆岩层将在回采期间剧烈运动，超前支承压力影响范围内动压明显。同时，工作面 B 顶板与工作面 A 采空区顶板的破裂贯通将导致沿空侧的超前支承压力影响范围增大。此时影响工作面 B 冲击危险性的应力主要为走向超前支承压力和侧向传递应力，如图 4 - 4 所示。

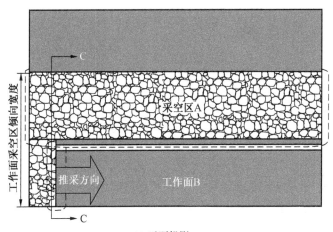

(a) 平面投影

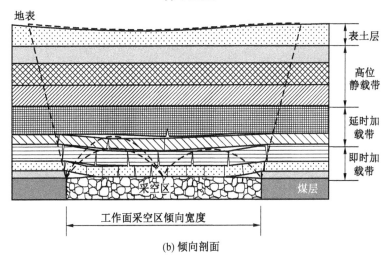

(b) 倾向剖面

图 4 - 4　沿空工作面 B 初次来压阶段

5. 工作面 B 见方阶段

由于工作面 A 开采时，位于延时加载带高度内的岩层已经发生过破裂下沉，因此在工作面 B 开采过程中，延时加载带岩层运动速度将显著加快。工作面 B 见方时，延时加载带将快速破断至本工作面采空区短边宽度的一半高度，如图 4-5 所示。

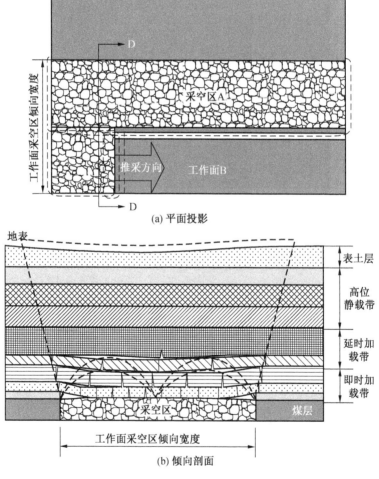

(a) 平面投影

(b) 倾向剖面

图 4-5　沿空工作面 B 见方阶段

6. 双工作面见方阶段

工作面 B 见方后，采空区 A 上方未破裂顶板也开始发生缓慢下沉并破裂。原本位于高位静载带内的岩层进入延时加载带范围，高位静载带厚度减小，延时加载带厚度增加，直到双工作面见方，延时加载带岩层厚度达到双工作面开采的最大值，如图 4-6 所示。

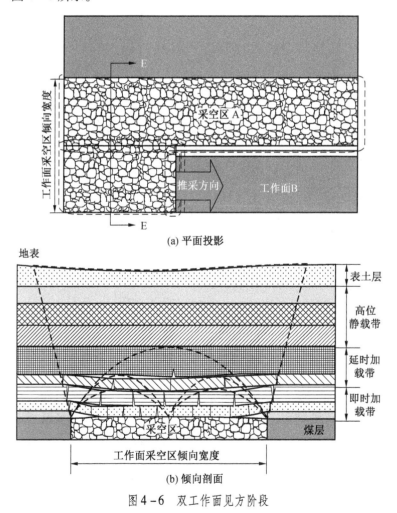

(a) 平面投影

(b) 倾向剖面

图 4-6　双工作面见方阶段

随着延时加载带岩层厚度的增加，发生运动的顶板层位变高，应力影响范围变大。如果延时加载带内存在坚硬的厚岩层，工作面将存在"矿震"威胁。

7. 多工作面开采充分采动阶段

随着采区多个工作面的连续开采，地表下沉盆地出现，采区范围内载荷三带的应力影响范围不再随着开采面积的扩大而扩大，如图 4-7 所示。

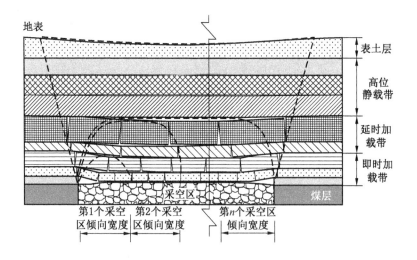

图 4-7　多工作面开采充分采动阶段

根据以上分析，可以做出载荷三带岩层运动的高度在工作面不同开采阶段的载荷三带高度变化曲线，如图 4-8 所示。随着工作面 A 的回采，直接顶垮落，基本顶下沉，发生运动的上覆岩层高度逐渐增大。工作面 A 的初次来压 t_1 标志着采场覆岩运动高度接近即时加载带的高度范围，在后续的回采中，开采条件不变的情况下，即时加载带的高度 H_1 基本不变。即时加载带岩层未发生运动之前，其上方的岩层没有运动空间，因此延时加载带厚度为零。

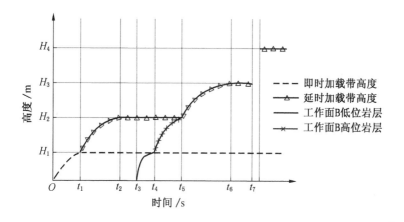

t_1—工作面 A 初次来压；t_2—工作面 A 见方；

t_3—工作面 B 开始回采；t_4—工作面 B 初次来压；

t_5—工作面 B 见方；t_6—双工作面见方

图 4-8 载荷三带高度变化曲线示意图

从 t_1 开始到 t_2 阶段，即时加载带岩层的垮落和压实为上方延时加载带岩层的运动创造了条件，延时加载带岩层的破裂高度会从零开始逐渐增加，达到 H_2，高位静载带厚度减小。t_2 开始是工作面 A 从见方直到回采完毕的正常回采阶段，该阶段延时加载带厚度不变。随着工作面的推采，进入采空区上方的延时加载带岩层的破裂位置会逐步向前向上发展，但最大高度不会超过 H_2。t_3 为工作面 B 开始回采。由于相邻采空区的覆岩层已经发生破坏，在工作面 B 回采期间，顶板运动会呈现剧烈且迅速地特征，因此工作面 B 上方的覆岩层破坏高度会迅速发展到 H_1，发生初次来压 t_4。初次来压后，工作面 B 上方覆岩层破坏高度继续增加，并且与相邻工作面已破坏的顶板相互贯通，破裂高度达到 H_2。工作面 B 见方之后，随着工作面的继续推采，采区的最小开采宽度增大，顶板破裂高度继续往上发展，延时加载带的厚度逐步增加，直到双工作面见方 t_6，破裂高度达到 H_3。采区达到充分采动条件后，地表最大沉陷值不再随着开采范围的增加而增加，高位静载带厚度达到最小值，延时加载带高度达到最大值 H_4。

4.1.3 覆岩载荷三带现场实测

石拉乌素煤矿 $221_{上}17$ 工作面位于 221 盘区西部，也是鄂尔多斯深部矿井第一个布置 $2-2_{上}$ 煤层的工作面，如图 4-9 所示。工作面地表相对位置主要为草地、少部分农田及树苗，有零星建筑物（牧民、牲口棚）；查吉线在工作面北部由西向东偏北穿过工作面。

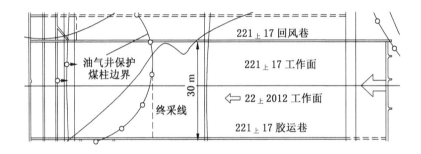

图 4-9　$221_{上}17$ 工作面平面位置图

$221_{上}17$ 工作面煤层赋存稳定，以亮煤及暗煤为主，含丝碳及少量黄铁矿薄膜，条带状构造，半暗型煤。煤层产状整体变化不大，中部倾角相对较大，两端倾角相对平缓；煤层厚度变化较小，北部较薄，南部较厚；煤层结构复杂，大部分含 1~2 层泥岩夹矸，个别钻孔含 3 层。$2-2_{上}$ 煤层和 $2-2_{中}$ 煤层层间距由南向北逐渐增大。工作面 $2-2_{上}$ 煤层最大厚度为 6.49 m，最小厚度为 4.39 m，平均厚度为 5.43 m；工作面煤层最大倾角为 3°，最小倾角为 0°，平均倾角为 1°。工作面煤层顶、底板条件见表 4-1。

表4-1 煤层顶、底板情况表

顶板名称	岩层名称	厚度/m	岩 性 特 征
基本顶	粉细砂岩	$\dfrac{7.93 \sim 37.32}{21.43}$	灰白色,波状层理,以石英、长石为主,含云母及暗色矿物,泥质胶结,岩性
直接顶	—	—	—
人工假顶	泥岩	$\dfrac{0 \sim 7.39}{1.22}$	灰色,水平层理,含植物化石碎屑
直接底	砂质泥岩	$\dfrac{1.28 \sim 18.37}{9.12}$	浅灰色,含砂较均匀,含植物化石碎片,局部中间含一层细砂岩夹层

根据理论计算,ILZ 带的厚度约等于十倍采高,石拉乌素煤矿 $221_{上}17$ 工作面倾向长度为 330 m,ILZ 带的厚度为 55 m,DLZ 带的厚度为 110 m,SLZ 带的厚度为 520 m。

图 4-10 为工作面回采至见方时微震事件剖面投影。由图 4-10 可以看出,最大破裂高度为 180 m,同时根据覆岩载荷三带结构模型可以判断出,该位置处于 DLZ 带完全悬顶状态。

即时加载带（ILZ）的厚度 M_1：$M_1 \approx 10h = 55$ m;

延时加载带（DLZ）的厚度 M_2：$M_2 = (180 - 55)$ m $= 125$ m;

高位静载带（SLZ）的厚度 M_3：$M_3 = (685 - 180)$ m $= 505$ m。

图 4-11 为 $221_{上}01$ 工作面微震事件揭示的覆岩破裂高度情况。由图可以看出,最大破裂高度为 300 m,同时根据覆岩载荷三带结构模型可以判断出,该位置处于 DLZ 带完全悬顶状态。

即时加载带（ILZ）的厚度 M_1：$M_1 \approx 10h = 55$ m;

延时加载带（DLZ）的厚度 M_2：$M_2 = (300 - 55)$ m $= 245$ m;

高位静载带（SLZ）的厚度 M_3：$M_3 = (685 - 300)$ m $= 385$ m。

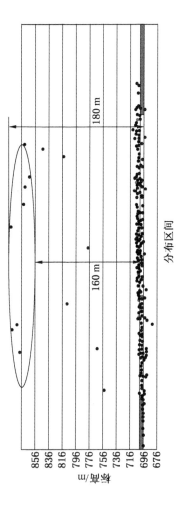

图 4 – 10 工作面回采至见方时微震事件剖面投影

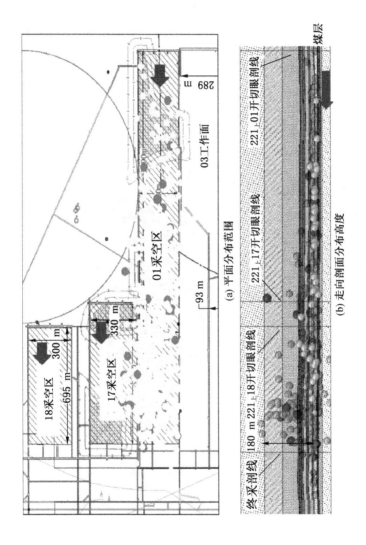

图 4-11 221上01 工作面微震事件揭示的覆岩破裂高度

(a) 平面分布范围

(b) 走向剖面分布高度

4.2 疏放水对围岩应力的影响及数值模拟研究

4.2.1 工作面疏放水对围岩应力的影响

上覆岩层运动是工作面矿山压力及其显现的根源。覆岩载荷三带考虑覆岩运动对下方煤体施加应力的加载方式及时间效应，其厚度随着开采阶段和开采强度的不同而变化。由此分析可知，工作面疏水过程中，在疏水影响范围边界分别形成应力降低区和升高区，达到冲击发生条件时，将诱发冲击地压。疏水孔疏水、开采裂隙疏水、超前支承压力和侧向支承压力的复合应力将可能超过发生冲击地压的临界应力，导致冲击地压的发生。

1. 顶板疏水对原岩应力分布的影响

砂岩由碎屑物沉积而成，其力学性质主要受固相矿物颗粒和胶结物力学性质及其结构性状所影响。岩石损伤在微细观上表现为其微观结构的变化，其包括空隙或裂隙的发展等，在宏观上则表现为岩石宏观力学性质的变化。岩石宏观力学性质的变化是微细观结构变化的表现，而微细观结构的变化是宏观力学性质变化的内在原因。

当人为采掘活动形成导水通道后，四周顶板水向导水通道流动，总体上将形成漏斗状的水位下降线，称为降落漏斗。随着疏水时间的延续，水位不断降低，漏斗状的水位线不断向外扩展。当疏水量与补给量相等时，漏斗状的水位线将不再向外扩展，存在一个最大影响范围 R_{max}。若含水层无补给源，疏水影响范围将不断向外扩展，最大影响范围 R_{max} 为疏水孔距含水区边界距离。若含水层有补给源，当疏水量与补给量相等时，漏斗状的水位线将不再向外扩展，存在一个最大影响范围 $R_{max} = r_0 + 10S\sqrt{K}$。$r_0$ 为导水通道半径，S 为疏水孔水位降深，K 为渗透系数。

假设漏斗状的水位线呈现出直线状态，则影响范围内富水区的体积 V 与疏水影响范围 R 的关系可表示为

$$V = \frac{1}{3}\pi R^2 M \qquad (4-5)$$

式中　M——富水区岩层厚度，m；

　　　V——影响范围内富水区的体积，m^3；

　　　R——疏水影响范围，m。

2. 疏水过程中岩层和煤层应力演化规律

水物理化学损伤作用是一种从微观结构的变化导致其宏观力学性质改变的过程。目前，水对岩石的物理、化学作用基本得到认可。水在岩层导水通道（疏水孔、采空区）流动过程中，一方面，水的流动使胶结物和碎屑物发生润滑、软化、冲刷、运移和扩散等物理损伤作用；另一方面，碎屑物和胶结物与水不断地发生离子交换、水化、溶解、水解、溶蚀、氧化还原等化学损伤作用。

工作面煤体应力集中是过富水区时矿压显现强烈的主要原因。在不考虑构造应力的影响下，影响煤体应力分布的主要因素为支承压力和富水区疏水诱发集中应力。一方面，受工作面采动形成的支承压力影响，在工作面前方煤体产生应力集中；另一方面，富水区疏水过程中，水以岩石孔隙介质为通道向疏水孔中流动。在此过程中，水对岩石进行物理、化学作用，微观上表现为岩石孔隙结构损伤，宏观上表现为岩石强度降低。在岩石强度局部降低的过程中，岩层由均质向非均质转变，在均质与非均质交界处应力将出现集中。现场观测和应力监测结果表明，在岩体强度（刚度）差异区域，交界面附近原始应力将出现不均匀分布，因此，疏水引起富水区岩层物理力学性质的损伤将导致原岩应力的改变。水向导水通道运动引起富水区岩层物理力学性质不均匀损伤，导致富水区岩层和煤层顶板岩层应力出现不均匀分布；富水区岩层物理力学性质损伤后，损伤区岩层和损伤区下方煤体顶板岩层的应力出现降低；损伤区边缘富水区岩层和损伤区边缘下方煤体顶板岩层的应力出现升高，如图 4 - 12 所示。

顶板含水层疏水后，承压含水层水压下降，使疏水区域及周边支承压力重新分布，形成了三个应力变化带，即应力卸压区、

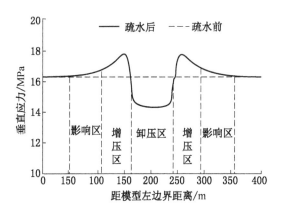

图 4-12　疏水前后煤体顶板垂直应力分布

应力增压区、应力影响区，这里仅对前两者进行说明。

应力卸压区：由于煤层上方含水层疏放水后，相当于开采了1个"类解放层"，降低了疏水区域的应力水平，同时引起煤层及顶板原岩应力的重新分布。

应力增压区：原来存在于疏水区域的应力向四周转移，从而形成了疏水区边缘的高应力区。应力增压区的应力增量是由两部分组成，其一为应力卸压区内减少的应力转移过来的，其二为由于疏水导致应力卸压区岩层形变，使上覆岩层应力向两侧转移形成的。

顶板疏水在煤层中的影响分为三部分：应力卸压区、分界点、应力增压区。这三部分与顶板疏水影响范围是有区别的。顶板疏水后，在疏水影响区内部形成一个应力卸压区，应力卸压区的范围和降低程度受疏水对岩性的影响程度、含水层与煤层间距、含水层与煤层岩性等因素影响。

4.2.2　工作面疏放水对围岩应力影响的数值模拟研究

对于富水深部工作面来讲，掘进期间通过施工钻孔进行疏水，降低富水区岩层中的水头压力得以降低，以避免回采期间出现突水事故。相比普通工作面（无顶板水工作面），疏水后，工作面应力将出现重新分布。疏水后应力分布如图4－13所示。

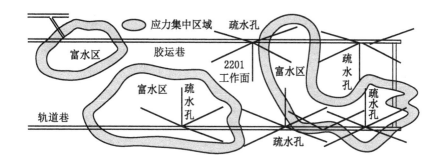

图4－13　疏水后应力分布示意图

1. 富水区疏水后回采工作面超前支承压力演化数值分析

通过数值分析不同阶段工作面超前支承压力的分布特征，得出富水区疏水后工作面回采期间超前支承压力演化规律。模型初始应力计算平衡后，一是对疏水影响范围内岩层的物理力学参数降低，模拟掘进期间疏水导致富水区岩层物理力学性质损伤；二是工作面从右边界向左推采。图4－14为疏水后不同阶段工作面煤体垂直应力分布云图。从图中可知，回采过程中，工作面前方始终存在一个应力集中，当回采至富水区下方时，应力集中最小。

图4－15为煤体垂直应力变化曲线。从图中可知，当工作面分别位于富水区外、富水区边缘、富水区下方时，对应的煤体支承压力峰值分别为35.1 MPa、41.45 MPa、29.3 MPa和38.3 MPa。可见，煤体垂直应力峰值在富水区边缘最大，在富水区下方最小。

2. 回采工作面应力演化规律分析

按照回采顺序，顶板水下回采工作面应力演化可分为五个阶

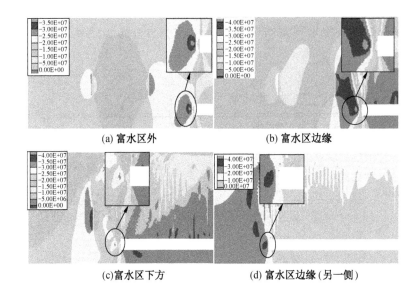

(a) 富水区外　　　　　　　　　　　　(b) 富水区边缘

(c)富水区下方　　　　　　　　　　　(d) 富水区边缘(另一侧)

图 4 - 14　疏水后不同阶段工作面煤体垂直应力分布云图

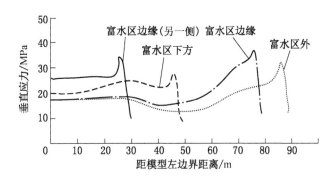

图 4 - 15　煤体垂直应力变化曲线

段：回采前→富水区外→富水区边缘→富水区下方→富水区边缘
(另一侧)，如图 4 - 16 所示。

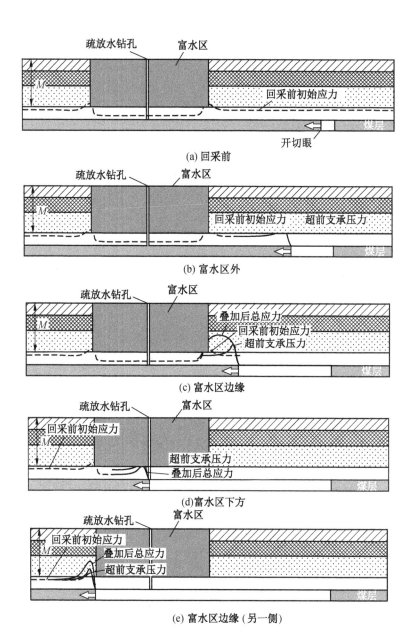

图 4 – 16 富水区疏水回采工作面垂直应力演化规律示意图

1）回采前

受掘进期间疏水影响，工作面煤层应力出现不均匀分布，富水区边缘应力升高，富水区下方应力降低。在未受疏水影响区域，工作面煤体处于自重应力状态下（图4-16a），此时回采前工作面煤体应力计算式为

$$\sigma_1' = \begin{cases} \gamma h & （富水区边缘） \\ (1+\zeta)\gamma h & （距富水区边缘较远位置） \\ (1-\delta)\gamma h & （富水区下方） \end{cases} \quad (4-6)$$

式中　σ_1'——回采前煤体应力，MPa；

　　　ζ——工作面超前应力增量集中系数1；

　　　δ——疏水工作面煤体减量集中系数；

　　　h——工作面煤层埋深，m；

　　　γ——上覆岩层容重，kN/m^3。

2）富水区外

由于距富水区边缘较远，工作面前方煤体应力未受疏水影响。工作面煤层前方仅受超前支承压力影响（图4-16b），此时工作面煤体应力计算式为

$$\sigma_2' = (1+\theta)\gamma h \quad (4-7)$$

式中　σ_2'——回采前煤体应力，MPa；

　　　θ——工作面超前应力增量集中系数2。

3）富水区边缘

随着工作面推进，支承压力也不断向前移动。当工作面推进至富水区边缘时，超前支承压力和疏水引起的集中应力产生叠加。工作面煤体产生应力集中，易诱发冲击（图4-16c），此时工作面煤体应力计算式为

$$\sigma_3' = (1+\zeta+\theta)\gamma h \quad (4-8)$$

式中　σ_3'——富水区边缘煤体应力，MPa。

4）富水区下方

当工作面进入富水区下方时，受含水层疏水损伤影响，含水层下方煤体出现应力降低。煤体应力较低，相比含水层边缘，工

作面发生冲击的可能性相对较小（图4-16d），此时工作面煤体应力计算式为

$$\sigma_4' = (1 - \delta + \theta)\gamma h \qquad (4-9)$$

式中 σ_4'——富水区边缘工作面煤体应力，MPa。

5）富水区边缘（另一侧）

随着工作面推采至富水区另一侧时，受含水层疏水损伤影响，富水区边缘出现应力集中。该应力与超前支承压力叠加将产生更大的应力集中，此时易发生冲击（图4-16e），此时工作面煤体应力见式（4-9）。

不考虑其他因素影响，当富水区疏水产生的集中应力与工作面回采过程中产生的集中应力叠加总和超过冲击地压发生的临界应力时，工作面发生冲击地压。工作面过富水区，将经历五个阶段，其中工作面回采至富水区两侧边缘时，发生冲击的可能性较大，其次为距富水区边缘较远，最后为富水区下方。易发生冲击位置从大到小排序依次为富水区边缘>富水区外>富水区下方。

4.3 工作面覆岩运动的相似模拟试验

相似模拟试验研究能够最大限度地模拟地下工程的实际情况，较为直观地确定问题解决的方法和路径，从而为推断现场岩层运移情况提供参考。相似模拟试验参数如下：

（1）工作面疏放水条件相似模拟试验。石拉乌素煤矿221$_上$08综放工作面倾向长度为290 m，相似模拟试验模型取采高9 m，水平煤层，走向推进500 m，采深700 m。工作面后退式回采，全部冒落法管理顶板。

（2）沿空开采工作面相似模拟试验。营盘壕煤矿2201和2202综采工作面倾向长度为300 m，相似模拟试验模型取采高6.3 m，工作面平均埋深为731.4 m。工作面采用倾斜长壁综合机械化采煤方法，后退式回采，全部冒落法管理顶板。

4.3.1 工作面疏放水相似模拟试验结果

工作面自左向右开挖至25 m时，无明显岩层破坏现象。开

挖 50 m 至 200 m 时，顶板开始出现轻微离层，开挖至 75 m 时开始垮落，垮落至延安组含水层底部，岩层移动稳定后，跨落带中间出现少量淋水，垮落带高度约 20 m，工作面垮落角增大，垮落悬顶距增大为 186 m。工作面自左向右开挖至 350 m，出现裂隙带，覆岩破坏发育至粉砂岩，破坏高度约 73 m，工作面前方垮落角为 58°，垮落悬顶距约 305 m。工作面自左向右逐渐开挖至 400 m、450 m 和 500 m 时，顶板随工作面推进向上向前破坏，破坏至高位直罗组含水层，有水流出，顶板破坏高度约 114 m，工作面前方垮落角由 55°扩大为 60°，破坏带顶部垮落悬顶距由 350 m 扩大为 410 m 和 462.5 m。石拉乌素煤矿 221$_{上}$08 综放工作面自左向右开挖至 500 m 后的状态如图 4 – 17 所示。

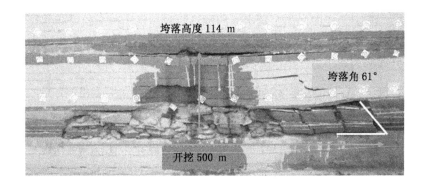

图 4 – 17　石拉乌素煤矿 221$_{上}$08 综放工作面自左向右开挖至 500 m 后的状态

　　试验工作面出水可分为 3 个时间节点：①自左向右开挖至 75 m 时，顶板垮落至低位延安组含水层底部，采动裂隙导通延安组水层，出现少量淋水；②当工作面开采推进至 400 m，覆岩随工作面推进向上向前破坏，采动裂隙发育至高位直罗组含水层底部，与直罗组含水层导通，直罗组含水层底部裂隙中间位置开始出现涌水；③工作面推进 400 m 后，高位直罗组含水层破坏并有水流出，破坏高度约 114 m，垮落悬顶距约 350 m。随着工作面推进，底部裂隙中间位置出现涌水，但水量较上一阶段减少，新出水点位置较上一阶段朝推进方向有所移动。部分测点相对应力变化曲线如图 4 - 18 所示。

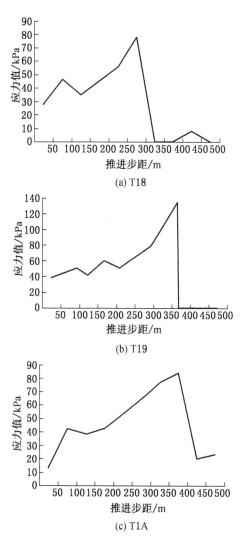

(a) T18

(b) T19

(c) T1A

图 4 - 18　部分测点相对应力变化曲线

试验得到疏放水对应力的影响特征，相比其他测点的平均应力 80 kPa，T19 测点相对应力达到 120 kPa，差值达 40 kPa，揭示了顶板疏放水对煤体应力的影响。

4.3.2 沿空开采工作面相似模拟试验结果

营盘壕煤矿 2201 工作面和 2202 工作面的覆岩中粒砂岩破坏高度约 76 m，覆岩离层宽度约 152 m。当区段煤柱由 15 m 缩小为 5 m 时，覆岩大范围垮落下沉，断裂高度达 356 m，覆岩离层宽度达 104 m。当两个工作面依次推进 300 m 后，测线 1 发生明显下沉，测线 2 仅采空区上方发生明显下沉，测线 3、4、5 未发生明显的下沉。2201 工作面运输巷与 2202 工作面通风巷之间煤柱宽度为 25 m。

2201 工作面走向推进情况：①自右向左开挖至 60 m 时，直接顶出现离层，待岩层移动稳定后，顶板粉砂岩初次垮落，跨落带高度约 8 m，垮落悬顶距约 42 m；②随工作面推采，顶板粉砂层继续垮落，跨落带高度增高，开挖至 180 m 时，覆岩破坏至砂质泥岩，破坏高度约 40 m，离层发育宽度约 112 m；③开挖至 220 m 时，顶板随工作面推进继续横向扩展破坏，破坏高度约 40 m，裂缝带顶部离层发育宽度约 148 m；④开挖至 260 m 时，覆岩破坏至中粒砂岩，破坏高度约 76 m，裂缝带顶部离层发育宽度约 152 m，开挖至 300 m 时再无明显变化。

2202 工作面走向推进情况：自左向右开挖 300 m，覆岩破坏高度发育至中粒砂岩，破坏高度约 76 m，裂缝带顶部离层发育宽度约 156 m，如图 4 - 19 所示。

当两工作面巷道间隔离煤柱由 25 m 缩小为 15 m 时，覆岩无明显变化。当两工作面巷道间隔离煤柱由 15 m 缩小为 5 m 时，覆岩大范围垮落破坏。2201、2202 两工作面垮落破坏带贯通，形成一个更宽、更高的垮落破坏带，破坏至细粒砂岩，破坏带高度为 356 m，破坏带顶部出现明显离层，顶层离层宽度为 104 m，如图 4 - 20 所示。

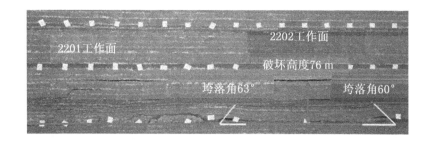

图4-19 营盘壕煤矿2202工作面自左向右一次性开挖至300 m后的状态

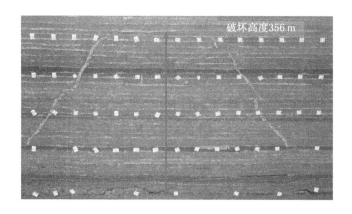

图4-20 两工作面巷道间隔离煤柱由15 m减少为5 m后的状态

4.4 工作面采动应力影响范围数值模拟研究

4.4.1 工作面超前支承压力

1. 即时加载带应力影响范围和传递规律

工作面在回采过程中，即时加载带内的岩层组将随工作面的推进，自下而上依次经历下沉、断裂和垮落。直接顶垮落后，由于即时加载带内各岩层组自身存在强度，具有一定的承载能力，故能在刚暴露时承受一部分上覆岩层的重量。随着暴露面积增大，其承受的重量超过岩层的承载能力，岩层发生断裂下沉，将之前所承载的上覆岩层重量通过断裂岩块所形成的"结构"转移到底板和煤壁内，如此循环，形成了开采活动中所见的初次来压和周期来压现象。传递到煤壁内应力的大小与即时加载带的岩层质量相关，如即时加载带岩层质量较好，则坚硬岩层破断形成的块体较大，触矸线位置离煤壁远，传递应力较大。另外，开采过程中，厚硬岩层易形成悬顶，聚积大量弹性能，在破断或滑移过程中，剧烈的顶板活动将会产生巨大的动载荷，突然释放的大量弹性能易诱发冲击灾害。

2. 延时加载带应力影响范围和传递规律

由于即时加载带岩层组在开采活动中发生周期性的破裂下沉，延时加载带岩层组失去下部岩层支撑，在静载荷作用下发生挠曲变形，形成离层结构，并将载荷转移到深部区域。延时加载带岩层组自下而上依次经历完全悬顶、部分悬顶和完全触矸三个阶段，三个阶段随时间的推移顺序出现，不由工作面推采与否决定。传递到煤壁内应力的大小与延时加载带和高位静载带的岩层自重相关，分布形式由延时加载带形成的"梁式结构"本身的形态决定。延时加载带三种悬顶状态持续时间的长短由岩层质量决定。如果延时加载带的岩层质量较好、厚度较大，在发生悬顶状态转换时，将瞬间释放大量能量，能力较大时传播范围较大，可监测到矿震现象。

3. 高位静载带应力传递规律

高位静载带岩层组在采区已制定的接续开采方案实施过程中均不会发生破裂，受采动影响较小，内部各岩层组仅发生弯曲下沉，所有岩层的最终下沉量会直接在地表体现，因此其岩层质量本身对于"冲击地压"或者"矿震"灾害的发生影响不大。但高位静载带会对下部岩层施加来自自重的静压力，因此其厚度将会影响采场的基础应力状态。高位静载带岩层组内部所受的岩层自重应力在水平方向的变化梯度较小，受力分析时可视为均载。

4.4.2 工作面侧向支承压力

1. 即时加载带侧向应力影响范围

在工作面回采过程中，即时加载带岩层组发生周期性的运动，由于其所在层位较低，因此对于侧向煤帮的应力影响基本只局限在本工作面的范围内，且不会随着工作面推采距离的增加而增加。

2. 延时加载带侧向应力影响范围

位于较高层位的延时加载带岩层组随着悬顶的出现，在侧向同样会形成类似于走向方向的"梁式结构"。与超前支承压力比较，传递的应力大小和分布区别在于，在单个工作面的回采过程中，其应力分布形式不会发生变化，只在采区连续开采的最小宽度发生变化的条件下发生改变。

3. 高位静载带侧向应力影响范围

根据高位静载带的定义，其内部岩层组在工作面回采过程中不会形成悬顶结构，因此在工作面走向和侧向均不会产生应力转移，只是将自重施加到下方岩体中。

4.4.3 工作面支承压力分布的数值模拟研究

$221_{上}17$ 工作面采用综合机械化采煤方法，为一侧采空工作面，工作面水平标高为 -685 m，参照 k22 钻孔揭露的地层特征建立模型，模型总高度为 739 m。工作面倾向长度为 300 m，巷道宽度为 5 m，煤柱宽度为 5 m，模型总宽度为 1560 m。工作面两侧巷道布置示意图如图 4-21 所示。

随着 3 个工作面的依次回采，侧向支承压力峰值由 27 MPa 增大至 35 MPa，应力集中系数由 1.59 增大至 2.06。以原岩应力值的 5% 作为应力递增变化阈值，可得到侧向支承压力影响范围由 300 m 逐渐增大至 550 m，采空区上方顶板岩层应力释放，采空区被重新压实，支承压力逐渐恢复。同时，工作面超前支承压力峰值由 38 MPa 逐渐增大至 42 MPa，应力集中系数由 2.24 逐渐增大至 2.47。3 个工作面回采后的侧向支承压力示意图如图 4-22 所示。

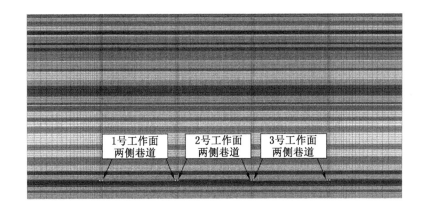

图 4 - 21　工作面两侧巷道布置示意图

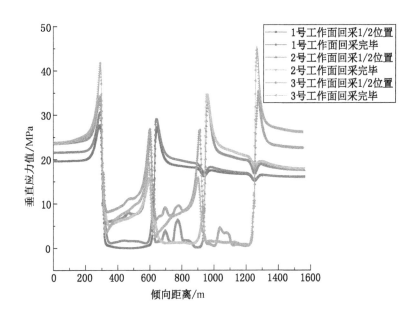

图 4 - 22　3 个工作面回采后的侧向支承压力示意图

4.5 "冲击地压 - 顶板疏水 - 地表沉降"特殊复合条件冲击地压发生机理

近年来，人们开始认识到疏放水条件下工作面冲击破坏现象，如 2017 年 1 月 8 日山东某煤矿，超前工作面 100 ~ 152 m 区域共 52 m 范围的巷道发生冲击破坏。关于上覆岩层疏放水与冲击地压的关系，目前国内外研究成果不多，可供参考的经验也不多。鄂尔多斯地区许多深部矿井也存在工作面疏放水条件下冲击地压防治问题，因此开展工作面疏放水条件对冲击地压影响规律的研究具有重要意义。

4.5.1 工作面疏放水条件覆岩载荷三带结构与冲击地压关系

1. 理论分析

石拉乌素煤矿第四系冲积、风积和萨拉乌苏组等地层厚度为 100 m 以上，具有良好的储水能力，富水性好。与此同时，下伏有以灰紫、暗紫色泥岩和砂质泥岩为主的安定组隔水层，平均厚度为 95.91 m，全区稳定赋存。其底部为直罗组和含煤地层的延安组，主要由砂岩组成。该基岩厚度较大，采动裂隙主要发育至延安组，局部发育至直罗组，因此砂岩裂隙水通过采动裂缝易形成稳定的矿井涌水。上覆富水良好的第四系松散孔隙潜水和白垩志丹组碎屑孔隙潜水等地下水受采掘扰动裂缝影响极小。该矿区首采面回采期间矿井涌水量和含水层（志丹组和直罗组）水位变化曲线如图 4 - 23 所示。直罗组和延安组裂隙导水，因此高位覆岩层应力平衡状态发生变化，导致岩层应力大范围调整。岩层含水量及破坏高度的不同，将导致含水岩层应力分布不均，疏放水过渡区域的工作面围岩应力较高。由图 4 - 23 可以看出，疏放水条件下，首采工作面涌水量逐渐增加至 660 m^3/d，直罗组水位线逐渐下降，志丹组水位线没有变化。由此可知，第四系松散孔隙潜水含水层和白垩志丹组碎屑孔隙潜水含水层的地下水在矿井持续排水情况下，水位基本不发生变化；直罗组随着矿井排水，水位逐渐下降；直罗组和延安组是主要疏放水岩层。根据工作面覆岩载荷三带及其运动规律可知，由于大型高产、高效工作面开采及影响范围大、上覆岩层悬露面积大，即时加载带岩层和延时加载带厚硬砂岩组运动高度和厚度增大，煤岩层所承受的载荷增大，积聚的弹性能及范围增大，在围岩运动及能量释放的动态影响下，增加了冲击地压发生风险的概率。

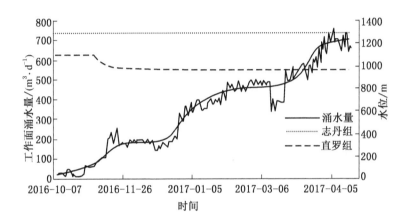

图 4 - 23　石拉乌素煤矿首采面涌水量与含水层水位线变化曲线

2. 现场实测

221$_\text{上}$ 18 工作面存在 4 个富水区域，如图 4 - 24 所示。其中 1 ~ 2 号和 17 ~ 20 号布置在富水区外，3 ~ 6 号和 13 ~ 16 号布置在富水区边缘，7 ~ 12 号布置在富水区内。为防止工作面回采过程中 3 号富水区边缘附近轨道巷发生冲击地压，故提前在煤壁两帮施工直径为 110 mm、间距为 1.5 m、深为 20 m 的大直径卸压钻孔，并加强巷道支护。与此同时，在 3 号富水区域布置了 10 组应力测站，每组测站间距为 25 m，每组 2 个钻孔的深度分别为 9 m 和 15 m。其中 1 ~ 2 号和 17 ~ 20 号布置在富水区外，3 ~ 6 号和 13 ~ 16 号布置在富水区边缘，7 ~ 12 号布置在富水区内，监测结果见表 4 - 2。从表 4 - 2 可知，当工作面在接近 3 号富水区边缘时，出现多次冲击危险预警以及富水区边缘煤层钻屑量超标和卡钻等现象；当工作面在富水区范围内时，未出现冲击危险预警。根据应力监测结果，3 号富水区外、边缘和内部的测点应力增量平均值分别为 8.33 MPa、9.91 MPa 和 2.12 MPa；疏水后富水区边缘容易产生应力集中，是冲击地压防治的重点区域。

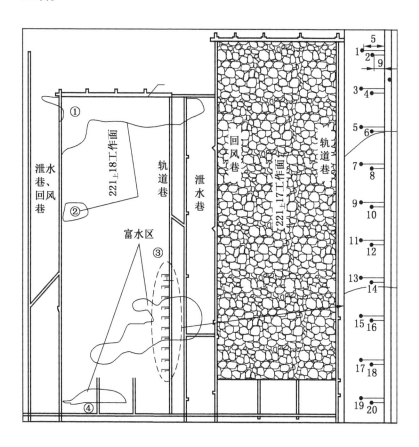

图 4-24　221$_上$18 工作面富水区分布平面示意图

表4-2 3号富水区附近应力测点增量

测组	编号	孔深/ m	初始应力/ MPa	应力峰值/ MPa	应力增量/ MPa	备 注	预警情况
1	1	15	5	12.1	7.1	富水区外	预警
	2	9	4.6	10.6	6	富水区外	预警
2	3	15	5.6	15.4	9.8	富水区边缘	预警
	4	9	5.2	5.9	0.7	富水区边缘	—
3	5	15	5.2	12.9	7.7	富水区边缘	预警
	6	9	5.4	11.2	5.8	富水区边缘	预警
4	7	15	5.2	8.9	3.7	富水区内	—
	8	9	5.4	7.9	2.5	富水区内	—
5	9	15	4.9	7.3	2.4	富水区内	—
	10	9	4.8	5	0.2	富水区内	—
6	11	15	5.5	7.4	1.9	富水区内	—
	12	9	5.5	7.5	2	富水区内	—
7	13	15	6.3	11.7	5.4	富水区边缘	预警
	14	9	5.4	10.6	5.2	富水区边缘	预警
8	15	15	6.4	38	31.6	富水区边缘	预警
	16	9	4.1	17.1	13	富水区边缘	预警
9	17	15	5.4	8.2	2.8	富水区外	—
	18	9	5.3	14.7	9.4	富水区外	预警
10	19	15	4.7	24.6	19.9	富水区外	预警
	20	9	5.4	10.2	4.8	富水区外	红色预警

图4-25为221$_{上}$17工作面在2016年12月1号至2017年2月5日时间内，能量大于10^4J微震事件投影图。从图中可知，富水区占工作面面积大于50%，微震事件总共78个。根据微震

结果显示，在富水区外或其边缘微震事件总共 69 个，占总数的 88%。综上所述，工作面回采过程中大能量事件主要集中在富水区外。

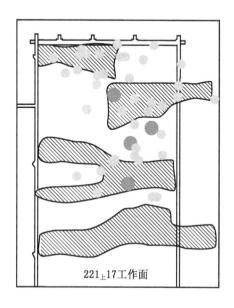

图 4－25　221$_{上}$17 工作面能量大于 10^4 J 微震事件平面投影

4.5.2　工作面围岩结构冲击地压发生机制

巷道围岩结构的冲击破坏是冲击地压发生的直接主体。由冲击地压类型可知，高强度开采影响下，一次开采厚度越大，地层下沉越明显；开采范围越大，巷道围岩运动范围越大；开采深度越大，地层在矢量方向的运动范围越大，对地层造成的破坏影响范围越大；开采持续时间越长，覆岩移动下沉及应力调整时间越长；开采速度越大，巷道围岩下沉运动越剧烈，释放能量所形成的应力波，冲击破坏越剧烈。当地层移动下沉及应力调整发展至一定程度，覆岩结构影响下的应力分布范围越大，如图 4－26 所示。当巷道围岩结构载荷超过围岩承载能力时，导致冲击地压发生。

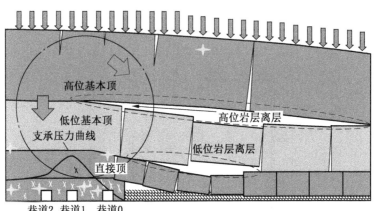

图 4 - 26　侧向采动覆岩大结构理论模型

4.5.3　地层沉降对工作面冲击地压发生影响机制的实测验证

营盘壕煤矿某冲击危险工作面地表沉陷观测点 B57 ~ B66 位于倾向方向，如图 4 - 27 所示。

由图 4 - 27 可以看出，2017 年 11 月，当推采至测线正下方时，地表累计下沉 59 ~ 67 mm，下沉值较小。第一个工作面采空区形成后，第二个工作面回采至测点下方时，在高位岩层联动影响下，虽然地表沉降不大，但地表反弹明显，揭示了覆岩大结构的控制作用（地层巨厚基岩较强的整体性）是地表沉降不充分、地面反弹的主要原因。由此可知，覆岩离层运动状态控制着工作面围岩应力状态，坚硬厚岩层组断裂失稳及铰接失稳是释放大能量的直接动力源，其决定了弹性能大小及影响范围。当工作面支架或巷道支护结构不能抵抗大能量应力波扰动时，导致冲击地压的发生。

4.5.4　工作面疏放水影响下冲击地压发生机制研究

在局部富水条件下，疏放水对采动应力的影响如图 4 - 28 所

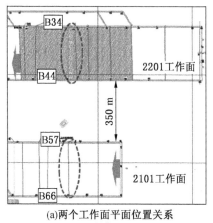

(a)两个工作面平面位置关系

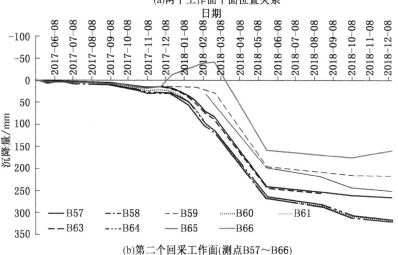

(b)第二个回采工作面(测点B57～B66)

图4-27 营盘壕煤矿两工作面采后地表沉降值变化曲线

示。在疏放水状态下，工作面采动应力变化最大值80 kPa，明显高于一般工作面的38 kPa。因此，采动应力变化为发生冲击地压积累了必要条件。

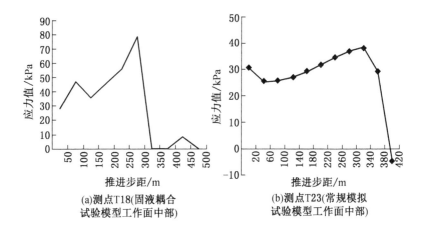

(a)测点T18(固液耦合
试验模型工作面中部)

(b)测点T23(常规模拟
试验模型工作面中部)

图4-28 不同工作面采动应力变化规律试验结果

工作面疏放水过程中，在疏放水影响范围边界分别形成应力
降低区和升高区。当中部剪应力区形成的应力场达到发生冲击地
压条件时，将诱发冲击地压。疏水孔疏水、开采裂隙疏水、超前
支承压力和侧向支承压力的复合应力将可能超过发生冲击地压的
临界应力，导致冲击地压的发生。

5 鄂尔多斯深部矿井冲击地压煤层开采技术

5.1 冲击地压巷道围岩结构类型及稳定性系数

5.1.1 巷道围岩结构类型

外部力源作用下的围岩是冲击地压灾害的致灾主体，从围岩结构的角度分析其稳定性，可以为预判巷道冲击危险程度和制定针对性卸压治理措施提供理论依据。

根据巷道与煤层的相对位置，将矿井围岩－巷道结构形式分为 10 种（$S_1 \sim S_{10}$），如图 5－1 所示。冲击破坏方式与结构类型见表 5－1。

表5－1　冲击破坏方式与结构类型对应表

破坏方式	顶板破坏	顶煤突出	底板鼓出	底煤突出	煤帮突出
类型	S_2、S_3、S_7、S_{10}	S_2、S_3、S_4、S_9	S_1、S_2、S_6、S_{10}	S_1、S_2、S_{10}	S_1、S_2、S_3、S_5、S_9、S_{10}

从图 5－1 中可以看出，根据巷道布置与煤层厚度的关系，确定发生冲击的煤岩体结构位置。图中箭头所指方向即为发生冲击时，煤岩体破坏冲出方向。

深部围岩变形破坏的形态及基本机制主要包括以下 3 类：

（1）顶板变形破坏。深部顶板变形破坏具有 2 种形态。一是巷道开挖以后，巷道围岩应力将重新分布，应力在巷壁附近发生高度集中，导致该区域的顶板岩层屈服进入塑性状态，形成破坏塑性区。塑性区的出现，致使应力集中区向纵深发展，当应力

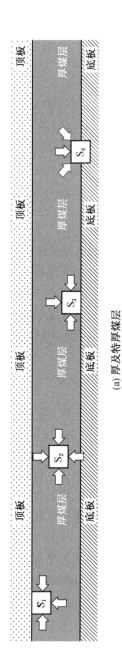

(a) 厚及特厚煤层

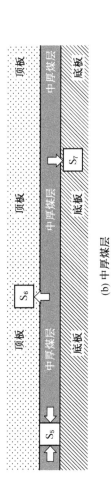

(b) 中厚煤层

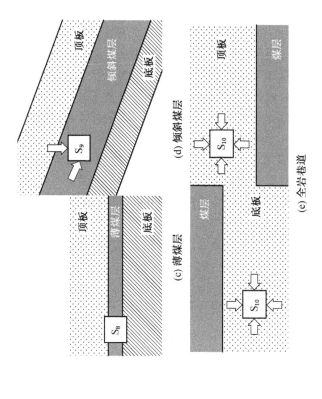

(c) 薄煤层　　　(d) 倾斜煤层

(e) 全岩巷道

图 5 - 1　巷道与煤层相对位置关系示意图

73

集中的程度超过顶板屈服强度时，将导致新的塑性区产生，从而形成松动破坏区。二是在水平高应力作用下，顶板岩层产生屈曲破坏，出现折断现象。

（2）两帮变形破坏。巷道开挖后，巷帮煤体由原来的三向应力状态变为二向应力状态。煤帮在集中应力作用下，巷帮会从表面至里依次形成松动区、塑性区、弹性区和原岩应力区。巷帮的破坏扩展，将进一步引发顶板和底板的破坏。马念杰等对邢东煤矿埋深 1000 m 的煤巷、煤帮变形破坏特征进行了数值模拟，其结果表明，巷道开挖后，围岩破坏是由帮、底逐步向顶板发展的。巷道两帮煤体中出现塑性区和片帮等情况会造成巷道跨度增大，而顶板岩层内的最大拉应力与巷道跨度的平方成正比。当巷道跨度过大时，顶板便有可能沿巷道两侧整体垮落，造成冒顶事故。

（3）底板破坏。在深部巷道治理中，底板鼓起破坏已经成为难点之一。对于底板鼓起的类型，可以分为 4 种基本类型：挤压流动型、挠曲褶皱型、剪切错动型和遇水膨胀型。就深部底板鼓起形成机理而言，当围岩应力达到一定条件时，巷道底板破坏。围岩水平应力大于垂直应力，垂直应力大于水平应力等情况都会引起底板鼓起。

5.1.2 两帮稳定性系数

根据波兰学者 A·吉迪宾斯基等的研究成果，两帮失稳判断计算式为

$$\eta = \frac{0.8\sigma_{cm}}{K\gamma H\zeta b} \qquad (5-1)$$

式中　　η——破坏失稳衡量指标，若 $\eta < 1$，则两帮破坏，否则，两帮是稳定的；

σ_{cm}——围岩岩体的单向抗压强度，$\sigma_{cm} = \xi\sigma_c$；

ξ——岩体龟裂系数，按表 5-2 所列数值选取；

σ_c——围岩块体单向抗压强度，MPa；

K——应力集中系数，按表 5-3 所列数值选取；

γ——围岩的平均重力密度，kN/m^3；

ζ——巷道围岩的暴露系数，表示裂隙间距与巷道宽度比值，按表 5-4 所列数值选取；

b——巷道围岩的破坏系数，按表 5-5 所列数值选取。

对于式（5-1）适用性的修正如下。

（1）实际巷道围岩具有非均质各向异性，由多组物理力学性质不同岩层组成。式（5-1）中，根据两帮围岩所包含的岩层范围进行等效化，由式（5-2）求出厚度权平均强度值。巷道层状组合围岩结构示意图如图 5-2 所示。

$$\sigma_{cm} = \frac{\sum_{i=1}^{n} m_i \sigma_{cm_i}}{\sum_{i=1}^{n} m_i} \quad (i = 1, 2, \cdots, n) \qquad (5-2)$$

表 5-2 岩体龟裂系数 ξ

岩体类型	龟裂系数
完整	>0.75
碎块	0.45 ~ 0.75
碎裂状	<0.45

表 5-3 应力集中系数 K

巷道种类及位置	应力集中系数	巷道种类及位置	应力集中系数
未被采动影响破坏的开拓巷道	1.5	受采动压力影响的平巷	2.5
回采压力影响区以外的开拓巷道或采区大巷	2.0	受采动压力影响的平巷	3

表 5-4 巷道围岩暴露系数 ζ

巷道宽度/$(L \cdot m^{-1})$	1	1.5	2	2.5	3	3.5	4	4.5	5	5.5
暴露系数	0.42	0.5	0.625	0.75	0.846	0.96	1.10	1.25	1.5	1.75

表5-5 巷道围岩破坏系数b

巷道种类及位置	巷道破坏系数	巷道种类及位置	巷道破坏系数
未受采动影响破坏岩体中的开拓巷道	1.0	受采动影响破坏岩体中的采准巷道	1.6
受采动影响破坏岩体中的开拓巷道	1.2	煤层厚度小于1.5 m的平巷	1.8
未受采动影响破坏岩体中的采准巷道	1.4	煤层厚度大于1.5 m的平巷	2.0

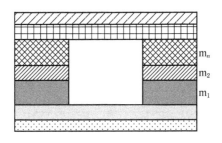

图5-2 巷道层状组合围岩结构示意图

（2）对于应力集中系数 K 的选取，式（5-1）中只考虑了巷道类型和是否受到采动影响，而实际工程条件中，围岩所受外力包括原岩应力、采动应力、构造应力、煤柱应力、侧向传递应力等多方面影响，其应力集中系数应当充分考虑以上各应力的综合集中程度。因此可以采用外部力源应力集中系数 A 来代替式（5-1）中的 K。

（3）式（5-1）作为两帮破坏失稳的衡量指标，用 η 值与1的大小关系来判断两帮是否破坏，而实际上 η 值本身与两帮的稳定性大小具有一个渐变的定量对应关系，反映了围岩从稳定到不稳定的连续状态，因此可以将其作为判断两帮稳定性的定量指标。在工程实践中，常以应力与强度的比值 I_B 的形式来表达，因此将式（5-1）修改为以下计算式，作为两帮稳定性指标：

$$I_B = \frac{A\gamma H \zeta b}{0.8\sigma_{cm}} \qquad (5-3)$$

式中　σ_{cm}——组合围岩等效抗压强度，$\sigma_{cm} = \xi \dfrac{\sum\limits_{i=1}^{n} m_i \sigma_{cmi}}{\sum\limits_{i=1}^{n} m_i}$

$(i = 1, 2, \cdots, n)$；

ξ——岩体龟裂系数（表5-2）；

m_i——岩层厚度，m；

A——外部力源应力集中系数；

γ——围岩的平均重力密度，kN/m^3；

ζ——巷道围岩的暴露系数，表示裂隙间距与巷道宽度比值（表5-4）；

b——巷道围岩的破坏系数（表5-5）。

根据现场工程经验，两帮稳定性系数取值与稳定性的对应关系见表5-6。

表5-6　两帮稳定性系数与稳定性对应表

两帮稳定性系数 I_B	$0 < I_B \leqslant 3$	$3 < I_B \leqslant 5$	$5 < I_B \leqslant 6$	$I_B > 6$
两帮稳定性	稳定	较稳定	中等稳定	不稳定

5.1.3　顶板稳定性系数

层状基本顶厚度为 m_1，其上软弱岩层将随基本顶共同运动。顶板的有效支护跨度为 B_z，在无支护情况下，则顶板失稳破坏的条件为端部弯拉破坏。考虑外部力源应力集中，顶板稳定性系数 I_D 计算式为

$$I_D = \frac{\gamma(m_1 + \sum m_i)AB_z^2}{2m_1^2[\sigma_t]} \qquad (5-4)$$

式中　$[\sigma_t]$——顶板岩层的综合抗拉强度（取等效抗压强度的

1/5），MPa。

根据现场工程经验，顶板稳定性系数取值与稳定性的对应关系见表5-7。

表5-7 顶板稳定性系数与稳定性对应表

顶板稳定性系数 I_D	$0 < I_D \leqslant 0.1$	$0.1 < I_D \leqslant 0.3$	$0.3 < I_D \leqslant 0.5$	$I_D > 0.5$
顶板稳定性	稳定	较稳定	中等稳定	不稳定

5.1.4 底板稳定性系数

在高水平应力作用下，脆硬底板易诱发冲击地压，因此断底卸压是治理该类冲击地压的有效措施之一。所谓断底卸压是指在巷道内向巷道底板打钻孔，装药爆破，从而破坏底板结构，促使钻孔围岩卸压和底板中水平应力峰值向底板深部转移，消除底板冲击危险性。将巷道底板简化为一个压杆模型，如图5-3所示。根据欧拉小挠度理论，对于理想大柔度压杆，当轴向压力达到临界值 P_k 时，压杆失稳。P_k 称为压杆的临界载荷或欧拉载荷。由欧拉公式可得：

$$P_k = \frac{\pi^2 E J}{\mu^2 L^2} \qquad (5-5)$$

式中　P_k——压杆的临界载荷，MPa；

　　　E——材料的弹性模量，MPa；

　　　J——压杆失稳方向的截面惯性矩，m^4；

　　　μ——支承压力情况有关的系数；

　　　L——压杆的长度，m。

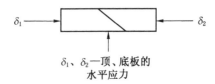

图5-3 压杆模型示意图

式（5-5）可转换计算式为

$$P_k = \frac{4\pi^2 EI}{L^2} \qquad (5-6)$$

式中　I——抗弯截面模量，m^3。

当 $P < P_k$ 时，压杆保持直线并处于稳定平衡状态；当 $P = P_k$ 时，压杆产生弯曲变形，并处于失稳的临界状态；当 $P > P_k$ 时，杆的弯曲变形显著增大，趋以破坏。实际上，由于存在初曲率、偏心载荷等，当 P 接近 P_k 时，即使没有横向力的干扰，杆也会突然弯曲。

实际工程应用中，由于底板岩体的整体物理特性难以精确测定，因此底板失稳的判据一般采用常用的方法。根据国内外深部矿井巷道变形观测的统计和检验，在封闭支护系统（底板有支护）、支护结构较强的开拓和准备巷道中，以巷道开掘后的变形量来表征底板稳定性是有效的，其遵循统计关系计算式为

$$I_F = -46 + \frac{13.3 A\gamma H}{\sqrt{s}} \qquad (5-7)$$

式中　I_F——底板稳定性系数（表5-8），% ；

　　　γ——围岩的平均重力密度，10^6 N/m^3 ；

　　　A——外部力源应力集中系数；

　　　H——采深，m ；

　　　s——底板强度，MPa。

表5-8　底板稳定性系数与稳定性对应表

底板稳定性系数 I_F	$0 < I_F \leqslant 10\%$	$10\% < I_F \leqslant 30\%$	$30\% < I_F \leqslant 50\%$	$I_F > 50\%$
底板稳定性	稳定	较稳定	中等稳定	不稳定

根据围岩结构形式与围岩稳定性考量指标对应表（表5-9），选取相对应的围岩稳定性考量指标，可确定具体到某一条巷道的围岩局部稳定性。

表5-9 围岩结构形式与围岩稳定性考量指标对应表

编号	稳定性指标	说　　明	结构形式示意
S_1	I_B、I_F	厚煤层中，具有厚底煤或软弱底板的巷道	
S_2	I_D、I_B、I_F	厚煤层中的全煤巷道	
S_3	I_D、I_B	厚煤层，具有厚顶煤或软弱顶板的巷道	
S_4	I_D、I_B	厚煤层，具有顶煤和硬岩底板的巷道	
S_5	I_B	薄及中厚煤层具有硬岩顶、底板的巷道	
S_6	I_F	软弱底板巷道	

表 5-9（续）

编号	稳定性指标	说　明	结构形式示意
S_7	I_D	软弱顶板巷道	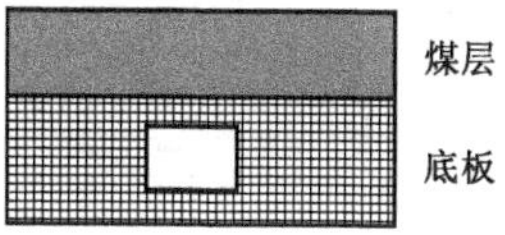 煤层 底板
S_8	I_D、I_B	底煤小于 1.5 m，倾斜煤层中的巷道	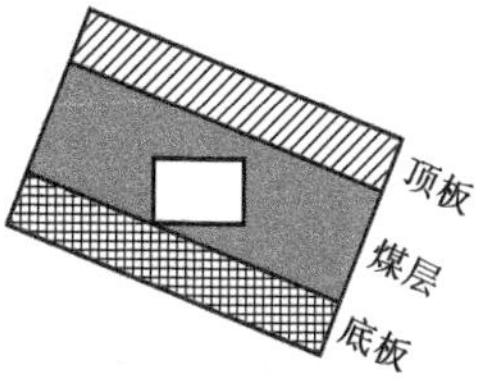 顶板 煤层 底板
S_9	I_D、I_B、I_F	底煤大于 1.5 m，倾斜煤层中的巷道	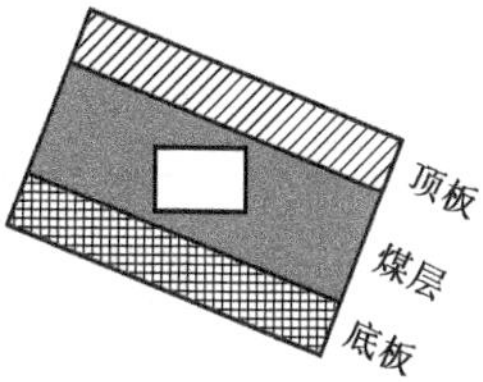 顶板 煤层 底板
S_{10}	I_D、I_B、I_F	全岩巷道	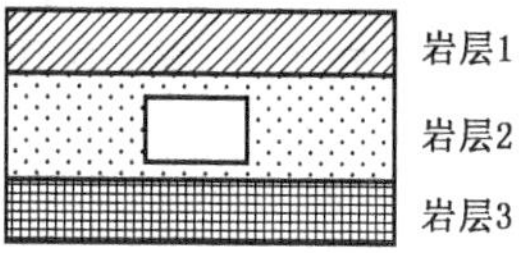 岩层1 岩层2 岩层3

5.2　基于防冲的盘区巷道布置与围岩控制技术

5.2.1　开拓布置意义

　　根据前述研究，深部巷道冲击地压发生机理受开采地质条件的影响显著，对矿井大巷及硐室布置也带来了一定影响。典型采区与盘区大巷及工作面布置如图 5-4 所示。

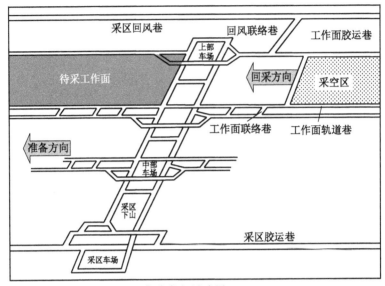

(a)典型采区下山布置

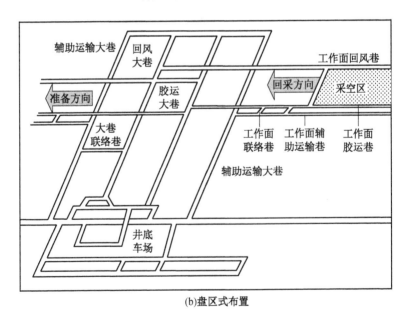

(b)盘区式布置

图 5-4　典型采区与盘区大巷及工作面布置

相比传统上下山布置方案，盘区式布置的采区巷道数量少，大巷硐室可兼做采区硐室使用，并加大了工作面走向长度，最大限度地减少了采区煤柱、工作面煤柱的留设。盘区巷道布置不仅利于提高资源回收率，适合重型装备工作面高强度开采，而且工作面设计比较灵活，利于后续工作面冲击地压防治。

煤层的开采布置至关重要，其作为施工的依据，在实际施工和生产过程中通常不能随意更改。其一是要为矿井生产、持续稳产和防冲创造条件，二是尽可能简化巷道系统，减少巷道掘进和维护工程量，三是采用新技术，发展采掘机械化和自动化，四是使煤炭资源损失少，安全条件好。

冲击地压矿井应开拓布置多个盘区，不仅要避免工作面集中布置，而且要避免邻近采掘活动区域的相互干扰，统筹开拓开采布置。

5.2.2 巷道煤柱

1. 大巷煤柱稳定性分析

据相关研究表明，煤柱两侧自外部向深部依次形成塑性区和弹性区。塑性区煤体受高应力破坏而承载能力较弱；弹性区煤体结构完整且处于三向受力状态，所以具有较大的承载能力，是煤柱的主要承载体。因此，煤柱弹性承载区是否存在及其宽度大小决定了煤柱的稳定性。图 5-5a 为煤柱宽度较小时，煤柱受两侧采空区支承应力叠加影响，并发生破坏；中部无弹性承载体，即弹性承载体宽度为 0，不能承受上覆岩层重量，因此工作面开采

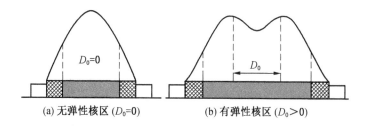

(a) 无弹性核区 ($D_0=0$)　　　(b) 有弹性核区 ($D_0>0$)

图 5-5　煤柱弹性核区分布图

过程中，极易发生煤柱整体失稳。图 5 - 5b 为煤柱宽度较大时，煤柱中部存在弹性承载区，对上覆岩层具有一定的承载能力，煤柱稳定性较高。

根据相关矿压及极限平衡理论，煤柱保持稳定性宽度 B 的计算式为

$$B = x_0 + L + R \qquad (5-8)$$

式中　　R、x_0——煤柱两侧塑性区宽度，m；

　　　　L——煤柱中部弹性区宽度，m；

　　　　B——煤柱保持稳定性宽度，m。

煤柱塑性区宽度 x_0 计算式为

$$x_0 = \frac{\ln\left(\dfrac{k\gamma H}{R_c^*}\right)}{\dfrac{2f\xi}{h}} \qquad (5-9)$$

式中　　f——层面间的摩擦系数，$f = \tan\varphi_1$；

　　　　φ_1——顶底板与煤层间的摩擦角，(°)；

　　　　h——采高，m；

　　　　R_c^*——煤帮的支撑能力(煤壁受压后的残余强度)，MPa；

　　　　γ——上覆岩层容重，N/m^3；

　　　　H——埋藏深度，m；

　　　　k——集中系数；

　　　　ξ——相关系数。

$$\xi = \frac{1 + \sin\varphi}{1 - \sin\varphi} \qquad (5-10)$$

式中　　φ——煤的内摩擦角，(°)。

以石拉乌素煤矿煤层力学参数为例，可得各参数的取值见表 5 - 10。把表 5 - 10 中 2 - 2 煤层各参数代入式 (5 - 9) 中，计算得到塑性区宽度 $x_0 = R = 5.63$ m。根据经验，煤柱稳定性取决于煤柱中部弹性区宽度 L，而煤柱中部弹性区宽度 L 通常大于或等于两倍的煤层厚度，因此 $L \geqslant 2 \times 4.2$ m = 8.4 m。为保持煤柱稳定

性，其宽度 B 取值为 19.66 m。

表5-10 煤柱宽度计算参数

煤层	煤层与顶、底板的摩擦角 $\varphi_1/(°)$	煤的内摩擦角 $\varphi/$ (°)	采高 h/m	煤体残余强度 $R_c^*/$ MPa	集中系数 k	密度 $\gamma/$ (N·m⁻³)	埋深 H/m
2-2煤层	20	46.18	4.2	2.0	3.0	25000	680

结合矿井地质和开采条件，盘区巷道煤柱宽度为 40 m，大于煤柱稳定理论计算宽度 19.66 m。但考虑到巷道实际条件与理论计算条件的差异性，局部特殊条件下的煤柱稳定性将受到一定影响，因此应加强巷道煤柱稳定性的监测。

2. 工作面终采线布置

结合前述研究可知，工作面终采线距离大巷为 260 ~ 320 m。当盘区两翼满足不少于两个工作面的宽度时，不仅可满足大巷防冲要求，而且有利于后续回收大巷煤柱时合理布置工作面。

5.2.3 工程类比

山东某煤矿2015年8月30日发生底板粉砂岩冲击破坏，煤柱破裂，煤柱宽度为 70 m，卸压孔深度为 20 m，煤层厚度为 8 m，埋藏深度为 1400 m。事故主要因素包括间距、层位、联络巷位置、支护、监测预警。其中，改变巷道布置形成多个"高应力孤岛"是事故发生的主要原因之一。

山东某煤矿原本冲击区域只有2条巷道，实际施工时，多出了3条巷道，彻底改变了该区域的应力分布状态和应力的量值，形成了多个"高应力孤岛"。原来设计的连续条形煤柱被切割成了多个孤岛煤柱，致使交叉点处（三叉门、四叉门）应力值成倍增加，冲击危险性也成倍提高。从冲击区域的巷道分布看，冲击破坏巷道均处于三叉门和四叉门附近，证明了"高应力孤岛"

角部和边界是易冲区域。

5.2.4 巷道断面及支护

盘区巷道大都采用直墙半圆拱、矩形，而巷道断面形式采用矩形。盘区主要巷道断面特征见表5-11。

表5-11 巷道断面特征表

序号	巷道名称	围岩性质	断面形式	净断面/m²	掘进断面/m²	支护方式
1	辅运大巷1、2号	煤	直墙半圆拱、矩形	24.6	28.2	锚网喷+锚索
2	胶运大巷	煤	直墙半圆拱、矩形	18.0	20.5	锚网喷+锚索
3	回风大巷	煤	直墙半圆拱、矩形	19.0	21.6	锚网喷+锚索
4	辅运巷	煤	矩形	19.8	22.1	锚网喷+锚索
5	胶运巷	煤	矩形	25.2	28.5	锚网喷+锚索
6	回风巷	煤	矩形	19.8	22.1	锚网喷+锚索
7	开切眼	煤	矩形	31.4	35.6	锚网喷+锚索

井底车场及硐室、大巷特征包括：①直墙半圆拱形断面；②考虑其服务年限较长，部分硐室采用砌碹外，其他均采用锚网喷+锚索支护；③岩层较弱或交岔口空顶较大时，增加反底拱，以加强支护。井下机电硐室内若有淋水，采取防水措施。

工作面回采巷道矩形断面，采用锚网喷支护。超前支护采用超前液压支架支护。

5.3 基于防冲的区域协调开采接续技术

5.3.1 多采区布置与顺序开采

1. 采区设计原则

合理的开采顺序对于避免应力集中，防治冲击地压作用极大。许多冲击地压是由于采区之间开采顺序不合理造成的。采区之间开采顺序不合理一旦形成就难以改变，只能采取局部防冲措施，此项措施耗费巨大人力、财力。因此，合理的采区开采顺序是防治冲击地压的根本前提。对于石拉乌素煤矿来说，采区之间的合理开采顺序一般应满足以下几点：

（1）盘区划分和工作面接续合理，避免形成煤柱、孤岛等应力集中区。

（2）同一翼的工作面朝一个方向推进，避免相向开采。两翼之间避免相向对采，从而避免应力叠加。

（3）地质构造等区域，应采取能避免或减缓应力集中和叠加的开采顺序。

（4）尽量不留（或留窄煤柱）煤柱和残采区。

（5）接续盘区不用跳跃式或大后退式开采。

（6）煤炭质量和煤层生产能力差异悬殊的采区，能合理搭配开采。

（7）采区内工作面布置合理，便于灾害预防，利于巷道维护，且能够充分发挥设备能力，以提高经济效益。

2. 采区设计案例

在前述分析的基础上，石拉乌素煤矿优化后的北翼3个工作面开切眼和终采线设计结果如图5-6所示。

5.3.2 采区隔离煤柱

根据矿井盘区式布置方案，矿井大巷兼做采区巷道使用。从防冲角度，矿井应选用多盘区布置模式，即一个盘区生产、一个盘区准备、一个盘区备用。从盘区和工作面顺序开采来看，当工作面推采至采区间煤柱区域时，采用先回收盘区煤柱再过渡到下一盘区的开采设计方案，实现工作面顺序开采，避免留设孤岛煤柱，有利于防冲。因此，采区煤柱的设计方案，盘区间煤柱应至少确保一个大工作面的倾向长度。

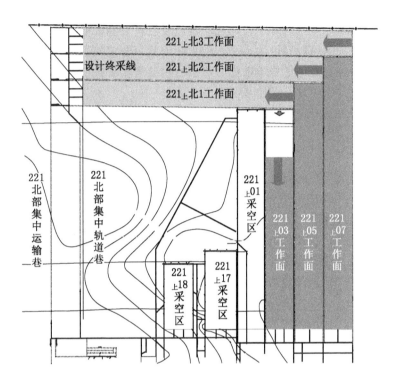

图 5-6 石拉乌素煤矿优化后的北翼 3 个工作面
开切眼和终采线设计

5.4 采煤方法与工艺的选择及对比研究

5.4.1 采煤方法与工艺选择

根据《防治煤矿冲击地压细则》第六十五条规定："冲击地压煤层应当采用长壁综合机械化采煤方法。"同时，长壁式采煤方法是将回采工作面沿倾斜（或沿走向）布置，沿走向（或沿倾斜）推进，工作面长度一般在 100 ~ 300 m 或更长，是我国采用最为普遍的一种采煤方法。其资源回收率高，工作面留设小煤柱时更有利于冲击地压防治。

根据目前采煤设备技术发展及开采条件，参照国内外厚煤层的开采和邻近矿区的安全高效生产经验，结合鄂尔多斯深部矿井煤层开采技术条件，东胜煤田生产矿井绝大多数采用综采一次采全高开采，可供借鉴的综采放顶煤工艺经验太少。因此，在兖矿集团多年开采经验的基础上，结合深部矿区煤层及赋存条件，对厚度 4.42~6.09 m、平均 5.2 m 的煤层，设计采用一次采全高综采采煤工艺；对平均厚度在 6 m 以上煤层，设计采用一次采全高综采放顶煤工艺。

5.4.2 不同采煤工艺工作面矿压规律对比研究

石拉乌素煤矿南翼煤层厚度约 9 m、北翼煤层厚度约 5.5 m。其中，221$_{上}$17、221$_{上}$18、221$_{上}$01 工作面为综采工作面，221$_{上}$06A 为综放开采工作面。

通过现场观测及数据分析，矿井 221$_{上}$18 综采面的初次来压步距和周期来压步距分别为 37.2 m、15.2 m；221$_{上}$06A 综放工作面的初次来压步距和周期来压步距分别为 36.4 m、12.8 m；221$_{上}$01 工作面初次来压步距和周期来压步距分别为 30.9 m、16.9 m。由于工作面宽度较大，工作面存在上、中、下部来压不一致规律。其中，工作面中部来压强度相对较大，综采工作面中部是上、下部的 1.11 倍，综放工作面中部是上、下部的 1.2 倍。初次来压期间，每日微震事件次数和总能量都有明显增加。正常回采阶段，每日微震事件数量和总能量呈现周期性变化。工作面见方期间，每日微震事件数量和总能量都大于工作面初次来压、周期来压时的结果。正常生产期间，每日微震事件指标与推采进尺有正相关性；连续多日终采、减小推采进尺等期间，每日微震数量和总能量明显减少，终采期间基本无事件。连续多日推采速度加快，每日微震事件数量和总能量增加；连续多日终采后，复产单日微震事件总能量有突增现象。石拉乌素煤矿三工作面来压步距见表 5-12。

表 5-12　石拉乌素煤矿三工作面来压步距

工 作 面	初次来压步距/m	周期来压步距/m	来压系数
221$_{上}$18	37.2	15.2	1.46
221$_{上}$06A	36.4	12.8	1.26
221$_{上}$01	30.9	16.9	1.8

由图 5-7、图 5-8 分析得到微震事件空间分布演化规律如下：

（1）综采工作面超前最大影响范围约 240~280 m，而综放工作面超前最大影响范围远大于综采工作面，约 350~590 m。微震事件滞后影响的距离均大于对工作面其他方向的影响距离，这说明回采过后，采空区仍有较长时间的稳定期。

（2）震源集中区域随着工作面的推进，逐步往前移动。强度较高的震动并不是突然的出现，而是有一个向上的发展过程。采空区出现的震动随开采逐渐增多。工作面超前应力集中区在开采初期震动较少，能量也较小。随着开采范围的扩大，前方出现较多震动，表明煤岩层在超前支承压力作用下已经开始出现大范围断裂或破坏。

（3）综放工作面的破裂范围大，即更靠近采面位置。因此，综放工作面更应加强工作面及两巷道 200 m 范围内的防冲治理工作。通过进一步统计工作面走向应力数据，可得到表 5-13。

实测结果表明，221$_{上}$17 轨道巷应力深基点应力变化曲线较好反映了煤体应力变化特征，应力值在距工作面 33.4~45 m 压力开始上升，距工作面 5.7~9 m 范围内压力急剧增加，距工作面 3.7~5.9 m 进入塑性破坏区，应力回落到初始状态。通过分析综采、综放工作面超前相对应力峰值可知，超前相对应力峰值的区间大致相同，而应力峰值有较大差异。通过整理 221$_{上}$17、221$_{上}$18 两综采工作面应力峰值可知，其应力峰值变化区间在 19~21 MPa 之间，而 KJ24 应力监测系统所得 221$_{上}$06A 综放工作面应力峰值在 12～14 MPa 之间，综放工作面比综采工作面的应力峰值低。

此外，对 2 号和 3 号联巷围岩应力进行监测可得到如下几点：

（1）3 号联巷距工作面最近一组（距联巷开口 20 m）应力值最大，且后续几组应力值变化均不大，侧向影响范围在 30～35 m 之间。

（2）2 号联巷距工作面最近一组应力值（距联巷开口 5 m）、第二组（距联巷开口 14 m）应力值均升高，后续几组应力值变化不大，侧向影响范围在 23 m 左右。

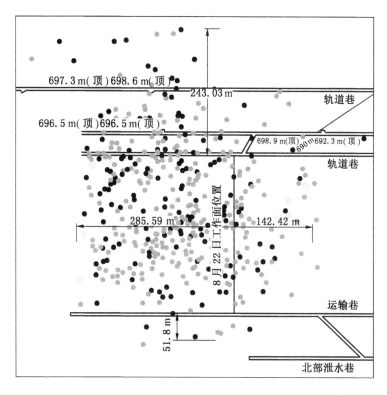

图 5-7　221上18 工作面见方期间微震固定工作面平面投影

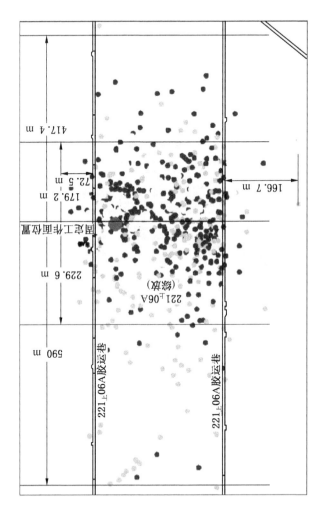

图 5 - 8　221上06A 工作面见方期间微震震围定工作面平面投影

表5-13　工作面走向应力影响范围统计表

工 作 面	两 巷	超前影响范围/m		超前应力峰值位置/m			超前应力降低位置/m	
		平均	最大	平均	最大	最小	平均	最小
221$_{上}$17 综采	胶运巷	27.5	33	6.1	6.9	4.2	5.5	3.7
	轨道巷	33.4	45	5.7	9	3	5.5	2.8
221$_{上}$18 综采	胶运巷	31	43	6.5	7.3	6.1	5.1	3.8
	轨道巷	25.8	45	3.81	5	3	3	2.7
221$_{上}$06A 综放	胶运巷	27	48	6.5	7	6	6	5.9
	轨道巷	23.4	45	5.8	10.9	3.5	5.3	3.9

当221$_{上}$18 工作面回采至联巷附近时，安装在轨道巷联巷的两组（距离轨道巷开口分别为15 m、31 m）应力值都发生变化，侧向影响范围超过31 m。

5.5　冲击地压条件高效工作面布置技术

5.5.1　工作面合理倾向长度

基于防冲的工作面合理宽度设计思路与方法：

（1）根据开采工作面相邻采空区地表沉陷情况确定覆岩空间结构特征。

（2）根据覆岩空间结构特征建立相应的采空区侧向支承压力计算模型。

（3）以计算得到的采空区侧向支承压力分布曲线为基础，对实体巷道冲击危险性和工作面整体冲击危险性进行评估，确定初步的工作面宽度。

（4）采用微震和应力监测结果对理论研究得到的工作面合理宽度进行对比验证，确定最终的工作面宽度。

根据采空区地表沉陷情况可分为非充分采动和充分采动，相应的覆岩载荷结构模型也存在较大差异。非充分采动阶段采空区侧向支承压力计算模型如图 5 - 9 所示。以石拉乌素煤矿 221$_{\text{上}}$ 17 首采工作面为工程背景，计算侧向支承压力分布特征。由于 221$_{\text{上}}$ 17 工作面平均采深约 685 m，工作面倾斜长度为 330 m，考虑到工作面上覆基岩厚度较大，这里取岩层移动角 α 为 82°。工作面上覆 300 m 厚的砂岩层组为主关键层，将采空区破裂范围以上至主关键层底部的岩层作为一组亚关键层，据此计算得到 2201 采空区一侧煤体的侧向支承压力分布。图 5 - 10 中的虚线为冲击地压危险判断线，其确定的依据是煤体中的垂直应力大于煤体单轴抗压强度（22 MPa）的 1.5 倍，距离采空区 22 ~ 120 m 为冲击地压危险区。

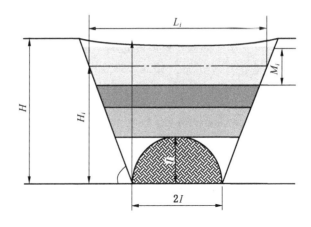

图 5 - 9　非充分采动阶段采空区侧向支承压力计算模型

为获得正常推进阶段工作面采动影响范围，对石拉乌素煤矿首采 221$_{\text{上}}$ 17 工作面回采期间（2016 年 10 月 16 日至 2017 年 5 月 6 日）的微震监测数据进行分析，工作面共推进 829.5 m，如图 5 - 11 所示。综合分析图 5 - 10 和图 5 - 11 可得到如下结论：

（1）由图 5 - 10 可知，侧向支承压力峰值距采空区约 75 m，支承压力峰值约 54 MPa；距采空区 0 ~ 12 m 为低应力区；距采空

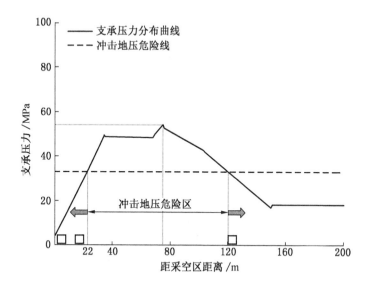

图 5 - 10 221上17 工作面开采后采空区侧向支承压力分布曲线

区 12 ~ 150 m 为支承压力影响区；距采空区 150 m 以外为原岩应力区。合理布置方式应将实体巷道布置在采空区侧向 150 m 范围外。

（2）由图 5 - 11 可知，工作面采动影响范围较大；超前影响范围约 190 m，滞后影响范围约 293 m，工作面左侧影响范围约 128.4 m，右侧影响范围约 121 m，平均 124.7 m。

（3）综合确定合理的工作面宽度需大于 150 m。

5.5.2 工作面开切眼合理位置

1. 高应力区开切眼掘进冲击机理研究

在开切眼附近的高应力围岩中掘进巷道时，巷道周围岩体内是低应力区，外围是高应力区，两个区域之间为高应力差区域。在此高应力差区域易发生强剪切剪失稳冲击破坏。高应力差导致剪切失稳冲击的力学机理示意图如图 5 - 12 所示。

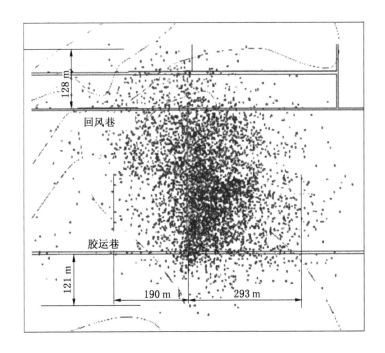

图 5 - 11　石拉乌素煤矿首采 221$_{上}$17 工作面微震事件的
走向"固定工作面"投影

2. 工作面初采冲击机理研究

综合分析多起初采冲击事故可知，发生冲击地压的位置有如
下特点：自重应力高以及受构造应力和采空区转移应力等因素影
响。不同阶段工作面超前支承压力分布曲线如图 5 - 13 所示。初
采阶段，首先，在构造应力、采空区转移应力和自重应力的作用
下，工作面具备了极高的原始应力；其次，由于基本顶还没发生
破断，支承压力峰值距离煤壁近。正常推采阶段，工作面远离构
造和采空区，原始应力减小，坚硬顶板已经破断，在采空区一
侧触矸，支承压力峰值向媒体深部转移，距煤壁较远。可见，
相比正常推采阶段，初采阶段支承压力大，且峰值距离煤壁

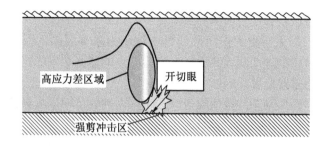

图 5 - 12　高应力差导致剪切失稳冲击的力学机理示意图

近，因此，当支承压力峰值超过冲击地压发生的临界应力值时，初采阶段极有可能发生冲击地压。综合终采线设计思路和初采机理，可最终确定石拉乌素煤矿和营盘壕煤矿开切眼位置及终采线位置。

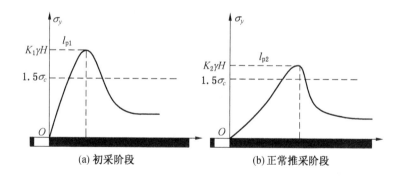

图 5 - 13　不同阶段工作面超前支承压力分布曲线

5.5.3　工作面终采线合理位置

工作面合理终采线位置设计思路：

（1）根据工作面生产期间的微震、应力监测结果设计初步的终采线位置。

（2）在设计终采线外两侧巷道及大巷内超前工作面 350 m 位置布置微震和应力监测测点。

（3）以大巷受工作面采动影响较小为基本原则，根据工作面向终采线推进期间大巷微震、应力测点的监测结果确定最终的工作面终采线位置。

工作面回采至终采线附近时，煤体内部容易积聚大量的弹性能，高应力作用明显，较易发生冲击地压灾害。为研究终采线的不同位置对终采线外的东翼辅助运输大巷的影响，根据数值模拟结果，以营盘壕煤矿为例，分析了终采线距离 2-2 煤层北翼辅助运输大巷 80 m、100 m、120 m、150 m 时，终采线到采空区运输巷之间的应力变化规律，如图 5-14 所示。由模拟分析可知，当终采线与大巷距离 80 m 时，开采引起的高应力区和巷道两侧的高应力区叠加，此距离对巷道有一定的危险。当终采线距离巷道大于 150 m 时，工作面采掘对大巷影响较小。因此采空区内工作面设计终采线距大巷距离应大于 150 m。

通过理论计算，得到 $221_{上}17$ 工作面走向超前支承压力影响范围为 164 m，如图 5-15 所示。通过对比 $221_{上}17$ 工作面回采期间的微震事件分布和理论计算结果可知，微震监测得到工作面

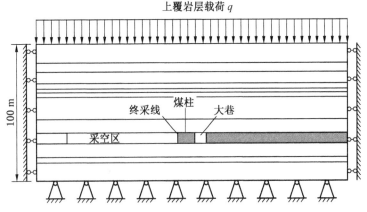

（a）工作面终采线煤柱数值模拟模型示意图

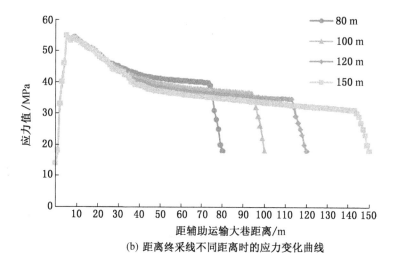

(b) 距离终采线不同距离时的应力变化曲线

图 5-14　工作面终采线与大巷不同距离时的应力变化曲线

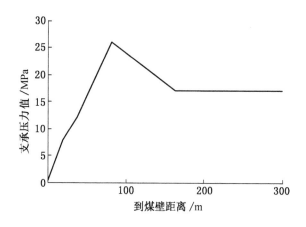

图 5-15　理论计算 $221_{上}17$ 工作面走向超前支承压力影响范围

开采超前支承压力影响范围约 190 m，最终确定工作面终采线位置距辅助运输大巷 250 m。石拉乌素煤矿为了对大巷影响更小，最后选择了终采线距大巷 350 m。

5.6 工作面区段煤柱合理宽度

随着冲击地压问题的日益突出，煤柱留设宽度引起了国内外学者的高度重视。留设煤柱保护采准巷道是我国煤矿采取的主要护巷方法，是影响冲击地压的一个重要因素。煤柱合理宽度的留设对冲击地压防治起着至关重要的作用。从冲击地压防治角度考虑，在保证承受上覆岩层增量载荷作用下，应尽可能减小护巷煤柱的弹性区，即可使煤柱内部不存在弹性核，又可使煤柱处于侧向基本顶岩梁内应力场保护范围。因此，小煤柱对冲击地压防治有利。但工作面区段煤柱的宽度也不能随意留设，煤柱太小，起不到保护巷道的作用；煤柱过大，不仅煤炭资源损失严重，而且存在冲击危险增大的风险。

5.6.1 工作面不同尺寸煤柱受力数值模拟

从资源回收的角度来讲，沿空巷道优先采用窄煤柱布置，但是某些矿井开采地质条件、接续紧张程度不同，区段煤柱偶尔也会采用宽煤柱布置。开采过程中所留设的煤柱，受两侧采空的影响而产生压力叠加，会形成较高的煤柱支承压力。上层遗留的煤柱还会向下传递集中压力，影响深度可达百米以上。因此，在煤柱附近及其上下方的应力集中区内最易产生冲击地压，包括煤柱内的巷道、接近于煤柱的工作面（另一侧已采空）、煤柱下方的巷道和工作面等地点。对典型岩层物理性质及地质构造做了部分简化处理，如图 5-16 所示。

1. 宽煤柱

采场开挖后，不同宽度煤柱所受垂直应力曲线如图 5-17 所示。巷帮应力集中深度约 5 m，应力集中系数可达 1.8，且随煤柱宽度增加，巷道垂直应力集中呈减小趋势。当煤柱宽度为 20 m 时，相邻两巷之间应力集中，煤柱中心由弹性状态逐渐向塑性状态转变，煤柱开始产生整体破坏。

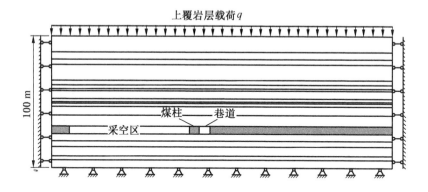

图 5 - 16　一侧沿空开采工作面区段煤柱模拟示意图

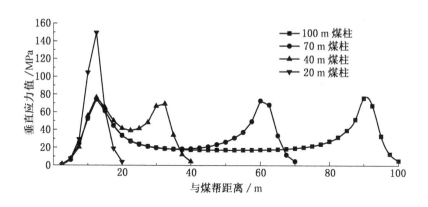

图 5 - 17　不同宽度煤柱垂直应力曲线

不同宽度煤柱在掘进、回采期间的垂直应力分布如图 5 - 18、图 5 - 19 所示。二次采动应力远比掘进期间大，煤柱为 20 m，应力集中系数高达 5。当煤柱宽度为 20 m 时，煤帮位移较宽煤柱大，其应力较宽煤柱小，说明 20 m 宽度下煤柱已进入塑性，且变形较大，处于破坏状态，容易失稳，不利于回采巷道的稳定性。因此，可采用 25 m 以上的大煤柱或 5 ~ 8 m 的小煤柱。5 ~ 8 m 的小煤柱方案降低了巷道围岩应力，利于防治冲击地压。

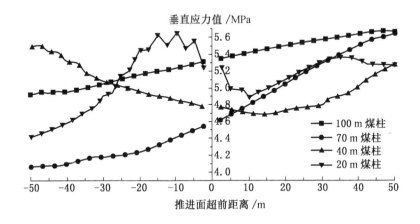

图 5 - 18　不同宽度煤柱掘进期间的垂直应力曲线

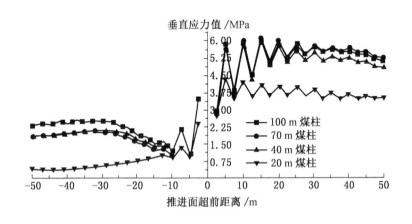

图 5 - 19　不同宽度煤柱回采期间的垂直应力曲线

2. 窄煤柱

模型取3个层位，自下而上分别是砂质泥岩、2-2煤层、砂质泥岩，厚度分别为7 m、6 m、9 m。岩层本构模型选用摩尔库伦模型。根据营盘壕煤矿围岩赋存条件和现场提供的资料，数值模型煤岩层物理力学参数见表5-14。

表5-14 主要岩层力学参数表

岩层名称	体积模量/ GPa	剪切模量/ GPa	密度/ (kg·m⁻³)	内摩擦角/ (°)	黏结力/ MPa	抗拉强度/ MPa
砂质泥岩	3.59	2.92	2400	38	4.8	3.9
2-2煤层	1.82	0.89	1291	40	2.3	1.2
砂质泥岩	3.59	2.92	2400	38	4.8	3.9

模型尺寸为50 m×60 m×50 m，模型左、右及底边界固定位移，模型上边界垂直应力18.5 MPa，X方向应力27.48 MPa，Y方向应力9.3 MPa。通过模拟不同煤柱宽度对于沿空掘巷的影响，包括掘进期和回采期，从巷道总体变形及小煤柱内应力分布进行分析，进而确定最佳煤柱宽度。确定最佳煤柱宽度后，针对掘进期间不同煤柱宽度时的巷道变形进行分析，如图5-20所示。

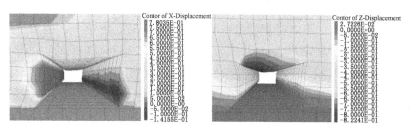

(a) 3 m

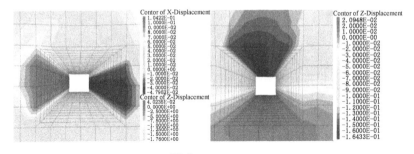

(b) 5 m

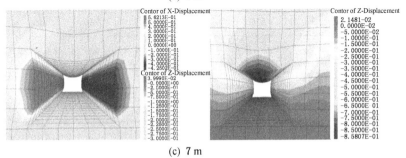

(c) 7 m

图5-20　掘进期间不同煤柱宽度时的巷道变形

　　基于计算结果可知，小煤柱的宽度≤14.86 m才能避开支承压力峰值点，故选取煤柱宽度3 m、4 m、5 m、6 m、7 m进行掘进期间的模拟分析。掘进期间巷道变形量如图5-21所示。

　　第一个工作面采动稳定后，根据煤柱宽度不同进行沿空掘巷。可以看出随着煤柱宽度的增加，巷道总体变形量呈先减小后增大的趋势。当煤柱宽度为4 m、5 m、6 m时，巷道总体变形量较小，变形量在100 mm左右。当煤柱宽度为3 m、7 m时，巷道总体变形量较大，最大变形量达到800 mm。结合图5-22和图5-23可知，煤柱垂直应力大小随着煤柱宽度的变化而变化，曲线呈马鞍状分布。煤柱宽度由3 m增大至7 m时，峰值逐渐增高；煤柱宽3 m时峰值最小，为10 MPa；7 m时峰值最大，为38 MPa；煤柱宽6 m时，应力峰值急剧增大。故应力峰值的位置

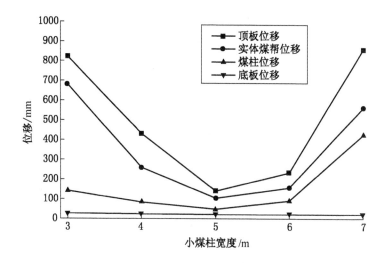

图 5-21 掘巷期间巷道变形量

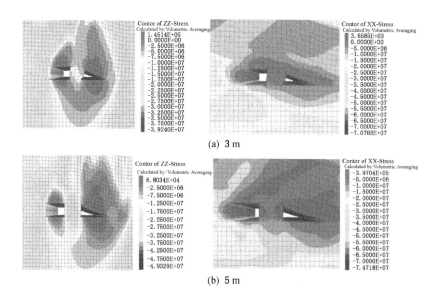

(a) 3 m

(b) 5 m

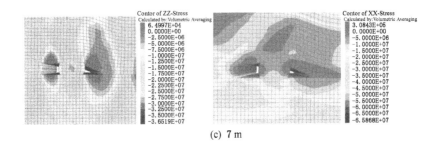

(c) 7 m

图 5 - 22   掘进期间不同煤柱宽度时的巷道垂直应力云图

不在煤柱中心，而是在中心偏向采空区一侧。这是因为沿空掘巷
期间的应力扰动，造成巷道边缘煤体由弹性转化为塑性，承载能
力降低，所以煤柱弹性区偏向采空区侧，导致应力峰值偏向采空
区侧。

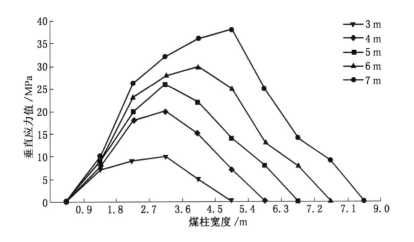

图 5 - 23   掘进期间不同煤柱宽度时煤柱内部垂直应力分布

5.6.2 合理小煤柱宽度的综合对比研究

1. 数值模拟研究

从预防冲击地压的角度考虑，窄小煤柱对预防冲击地压较为有利，因为窄煤柱中的煤体几乎会全部被"压酥"，其内部不存在弹性核，也就不会存储大量的弹性能，所以发生冲击地压的危险性就小。图5-24是不同煤柱宽度时煤柱内的垂直应力数值模拟结果。

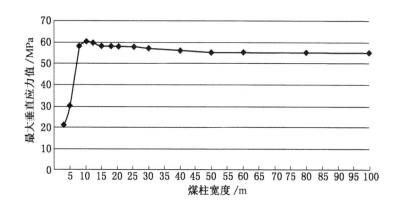

图5-24 不同宽度煤柱中最大垂直应力分布

从图5-24可以看出，随着煤柱宽度增大，煤柱最大垂直应力呈由小变大然后再变小的趋势。当煤柱宽度小于8 m时，最大垂直应力较小；当煤柱宽度在8~15 m之间时，煤柱最大垂直应力较大。随煤柱宽度增大，煤柱最大垂直应力减小。煤柱宽度的增大，引起巷道附近煤体中的应力集中程度也增加。煤体中产生的最大垂直应力的分布和煤柱中的最大垂直应力分布类似。因此，区段煤柱选用3~7 m宽的护巷煤柱既能降低冲击地压危险性，又有利于巷道维护和煤炭资源回收，提高经济效益。

2. 理论计算结果

为减小围岩移近量，保证巷道稳定并减小煤炭损失，煤柱宽度应尽可能小一些。由于煤柱两侧存在破碎区，如果煤柱过窄，煤柱内部均为破损区和塑性区，稳定性和承载能力极低，并且锚杆全长处于破损围岩中，锚杆无着力基础，使锚杆力减小，锚杆的支护作用降低，不能保持煤柱的稳定。因此，煤柱必须有一个合理的宽度，使其不仅能保持自身的稳定性，还能承受巷道覆岩载荷，同时还能够降低煤炭资源的损失。

通过经验计算支撑压力峰值点距煤壁的距离计算式为：

$$B = 15 - 0.475f_0 - 0.16R_c - 0.2\alpha + 1.6m + 1.7 \times 10^{-3}H$$

$$(5-11)$$

式中　　B——峰值点离采空区距离，m；

f_0——煤层硬度系数，取 1.79；

R_c——顶板岩石单向抗压强度，一般取 30～40 MPa；

α——煤层倾角，取 3°；

m——采高，取 4.1 m；

H——煤层埋深，取 700 m。

将各参数代入上式经计算得 $B = 14.9 \sim 16.5$ m（即支承压力峰值点距煤壁 14.9～16.5 m）。煤柱宽度的合理尺寸的计算式为

$$x_0 = \frac{mA}{2\tan\varphi_0}\ln\frac{K\rho gH + \dfrac{C}{\tan\varphi_0}}{\dfrac{P}{A} + \dfrac{C}{\tan\varphi_0}} \qquad (5-12)$$

式中　　A——测压系数，取 1.5；

m——巷道高度，取 4.1 m；

C——煤体的黏聚力，取 3；

φ_0——煤体的内摩擦角，取 30°；

K——应力集中系数，取 3.5；

H——巷道埋深，取 700 m；

ρ——上覆岩层平均重度，取 2.4 t/m³；

P——巷帮煤体的支护阻力，取 0.1 MPa；

g——重力加速度，N/kg。

将各参数代入式（5-12）得：$x_0 = 14.86$ m。

通过以上计算及分析可知，沿空掘巷留设小煤柱的宽度 ≤ 14.86 m 才能避开支承压力峰值点，使煤柱处于应力降低区。从防冲角度，应优先选择窄小煤柱，使其处于应力降低区内。沿空巷道合理护巷煤柱应能满足自身承载力且具有一定的稳定性和完整性。当煤柱宽度较小、煤柱宽度为 3 m 时，受上区段回采及掘巷扰动后煤柱发生严重破碎，故煤柱中的垂直应力较小，其承受上覆载荷的能力也较弱；煤柱宽度 6 ~ 7 m 时，煤柱上覆载荷明显增加，煤柱自稳能力增强，其承载能力也增强。当煤柱宽度进一步增加，煤柱承载的压力也显著增加，高应力作用极易诱发煤柱产生变形破坏，不利于留巷围岩的有效控制和长期稳定。

3. 综合对比研究

小煤柱沿空留巷的成功需要保证巷道处于低应力区，同时保证小煤柱具有一定的稳定性且有较好的承载能力。理论计算表明，只有沿空掘巷留设小煤柱的宽度 ≤ 14.86 m 时才能避开支承压力峰值点。小煤柱宽度较小时，煤柱破碎且承载能力差，煤柱内垂直应力峰值低且变化不大；小煤柱宽度在 5 ~ 7 m 之间时，煤柱内载荷明显增加并形成峰值稳定区，此时煤柱具有较强的承载能力；小煤柱宽度在 4 ~ 6 m 之间时，沿空巷道变形量相对较小；小煤柱宽度 < 4 m 或 > 6 m 时，沿空巷道变形量明显增大。综合考虑煤柱自稳与承载能力及巷道变形因素，最终确定小煤柱宽度为 4 ~ 6 m。

5.6.3 工程应用

1. 宽煤柱方案工程验证

石拉乌素煤矿为新建矿井，初期采掘比较小，接续紧张。$22_{上}201$ 为矿井首采工作面，在其回采的同时，离 $22_{上}201$ 工作面回风巷 80 m 位置布置一条巷道，作为 $22_{上}201$ 工作面回采期间泄水巷；当回采完毕后，又可作为 $22_{上}201A$ 工作面轨道巷（沿空巷道），从而缓解接续紧张的问题，如图 5 - 25a 所示。随着 $22_{上}201$ 工作面回采，微震监测、应力监测和理论计算表明，

$22_\perp 201A$ 工作面区段煤柱宽度应大于 121 m。因此 $22_\perp 201$ 工作面泄水巷不应作为 $22_\perp 201A$ 工作面轨道巷。$22_\perp 201A$ 工作面重新掘进的轨道巷，如图 5 - 25b 所示。

目前 $22_\perp 201A$ 工作面已安全回采完毕，现场监测结果表明，区段煤柱采用 121 m 宽度留设合理。

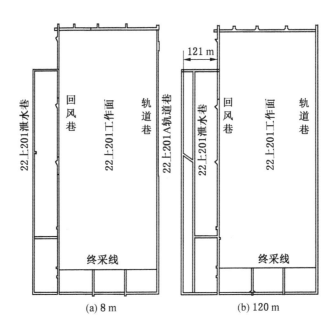

(a) 8 m　　　　　　　　(b) 120 m

图 5 - 25　$22_\perp 201A$ 工作面不同宽度煤柱沿空巷道布置

2. 窄煤柱方案工程验证

$22_\perp 202$ 工作面倾向长度为 280 m，平均采深为 692 m，煤层厚度平均 5.13 m，煤层结构复杂，夹矸厚度变化大。工作面东部为实体煤，南侧为大巷及煤柱，西侧为 $22_\perp 201$ 综采工作面采空区，即 $22_\perp 202$ 工作面辅运巷为沿空巷。$22_\perp 202$ 工作面采掘平面示意图，如图 5 - 26 所示。目前该工作面已安全回采完毕。

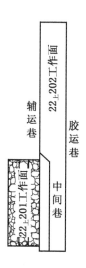

图 5 - 26　22$_{上}$202 工作面采掘平面示意图

5.7　工作面推采进度优选设计

1. 微震监测

通过统计分析 221$_{上}$01 工作面不同推采进度条件下的微震监测及液压支架工作阻力数据，确定合理的工作面推采进度。此项统计分别将监测数据按照 0 ~ 2 m、2 ~ 4 m、4 ~ 6 m、6 ~ 8 m 和 >8 m 进行分类。不同推采进度条件下的微震事件统计，如图 5 - 27 至图 5 - 29 所示。

通过分析图 5 - 27 可知，随着工作面日推采进度的增加，工作面微震事件日均次数、日均总能量、日均最大能量，均呈上升趋势。工作面日推采进度 0 ~ 2 m 时，日均微震事件 11 次；工作面日推采进度 2 ~ 4 m 时，日均微震事件 23 次；工作面日推采进度 4 ~ 6 m 时，日均微震事件 38 次；工作面日推采进度 6 ~ 8 m 时，日均微震事件 42 次；工作面日推采进度 >8 m 时，日均微

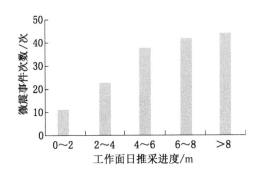

图5-27 工作面推采进度与微震事件日均次数统计

震事件44次。以日推采进度0~2 m为基准，日推采进度2~4 m、4~6 m、6~8 m和＞8 m时，日均微震事件分别为日推采进度0~2 m时的2.1倍、3.5倍、3.8倍和3.9倍。由此可以说明随着工作面日推采进度的增大，微震事件发生频次呈不断升高且逐渐趋于稳定。

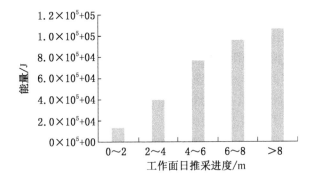

图5-28 工作面推采进度与微震事件日均总能量统计

通过分析图5-28可知，工作面日推采进度0~2 m时，日

均总能量 $1.3 \times 10^5 + 04$ J；工作面日推采进度 $2 \sim 4$ m 时，日均总能量 $4.0 \times 10^5 + 04$ J；工作面日推采进度 $4 \sim 6$ m 时，日均总能量 $7.7 \times 10^5 + 04$ J；工作面日推采进度 $6 \sim 8$ m 时，日均总能量 $9.6 \times 10^5 + 04$ J；工作面日推采进度 >8 m 时，日均总能量 $1.1 \times 10^5 + 05$ J。以日推采进度 $0 \sim 2$ m 为基准，日推采进度 $2 \sim 4$ m、$4 \sim 6$ m、$6 \sim 8$ m 和 >8 m 时，日均总能量分别为日推采进度 $0 \sim 2$ m 时的 3.1 倍、5.9 倍、7.4 倍和 8.5 倍。由此可以说明随着工作面日推采进度的增大，微震事件日均总能量也呈不断升高且逐渐趋于稳定的特点。

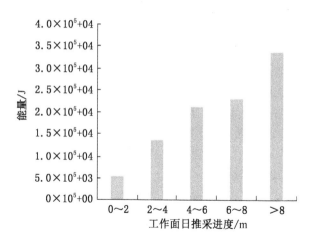

图 5 - 29　工作面推采进度与微震事件日均最大能量统计

通过分析图 5 - 29 可知，工作面日推采进度 $0 \sim 2$ m 时，日均最大能量 $5.3 \times 10^5 + 03$ J；工作面日推采进度 $2 \sim 4$ m 时，日均最大能量 $1.4 \times 10^5 + 04$ J；工作面日推采进度 $4 \sim 6$ m 时，日均最大能量 $2.1 \times 10^5 + 04$ J；工作面日推采进度 $6 \sim 8$ m 时，日均最大能量 $2.3 \times 10^5 + 04$ J；工作面日推采进度 >8 m 时，日均最大能量 $3.4 \times 10^5 + 04$ J。以日推采进度 $0 \sim 2$ m 为基准，日推采进度 $2 \sim 4$ m、$4 \sim 6$ m、$6 \sim 8$ m 和 >8 m 时，日均最大能量分别为日推

采进度 0~2 m 时的 2.6 倍、4.0 倍、4.3 倍和 6.4 倍。由此可以说明随着工作面日推采进度的增大，微震事件日均最大能量呈不断升高趋势，当工作面日推采进度大于 8 m 时，日均最大能量明显升高。

综上所述，随着工作面日推采进度的升高，微震事件总体呈上升趋势，当工作面日推采进度大于 8 m 时，日均最大能量明显升高，不利于冲击地压防治。建议类似条件的工作面日推采进度保持在 6~8 m。

2. 工作面液压支架工作阻力监测

此项统计分别将监测数据按照 0~2 m、2~4 m、4~6 m、6~8 m 和 >8 m 进行分类。不同推采速度条件下的上部、中部、下部液压支架工作阻力统计，如图 5-30 至图 5-32 所示。

通过分析图 5-30 可知，随着工作面日推采进度的增加，上部液压支架阻力呈上升趋势。工作面日推采进度 0~2 m 时，上部液压支架平均最大工作阻力 24.6 MPa；工作面日推采进度 2~4 m 时，上部液压支架平均最大工作阻力 27.6 MPa；工作面日推采进度 4~6 m 时，上部液压支架平均最大工作阻力 29.3 MPa；工作面日推采进度 6~8 m 时，上部液压支架平均最大工作阻力 31.7 MPa；工作面日推采进度 >8 m 时，上部液压支架平均最大工作阻力 34.4 MPa。以日推采进度 0~2 m 为基准，日推采进度 2~4 m、4~6 m、6~8 m 和 >8 m 时，液压支架平均最大工作阻力分别为日推采进度 0~2 m 时的 1.1 倍、1.2 倍、1.3 倍和 1.4 倍。由此可以说明随着工作面日推采进度的增大，上部液压支架平均最大工作阻力呈不断升高趋势。

通过分析图 5-31 可知，工作面日推采进度 0~2 m 时，中部液压支架平均最大工作阻力 33.2 MPa；工作面日推采进度 2~4 m 时，中部液压支架平均最大工作阻力 34.5 MPa；工作面日推采进度 4~6 m 时，中部液压支架平均最大工作阻力 35.4 MPa；工作面日推采进度 6~8 m 时，中部液压支架平均最大工作阻力 36.0 MPa；工作面日推采进度 >8 m 时，中部液压支架平均最大

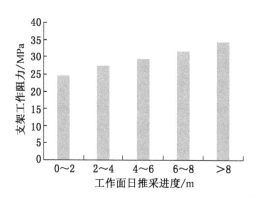

图 5 - 30　工作面日推采进度与上部液压支架平均最大工作阻力统计

工作阻力 39.7 MPa。以日推采进度 0 ~ 2 m 为基准，日推采进度 2 ~ 4 m、4 ~ 6 m、6 ~ 8 m 和 > 8 m 时，液压支架平均最大工作阻力分别为日推采进度 0 ~ 2 m 时的 1.0 倍、1.1 倍、1.1 倍和 1.2 倍。由此可以说明随着工作面日推采进度的增大，中部液压支架平均最大工作阻力呈不断升高趋势。

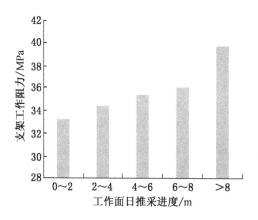

图 5 - 31　工作面推采进度与中部液压支架平均最大工作阻力统计

通过分析图5-32可知，工作面日推采进度0~2 m时，下部液压支架平均最大工作阻力29.5 MPa；工作面日推采进度2~4 m时，下部液压支架平均最大工作阻力30.4 MPa；工作面日推采进度4~6 m时，下部液压支架平均最大工作阻力33.2 MPa；工作面日推采进度6~8 m时，下部液压支架平均最大工作阻力33.5 MPa；工作面日推采进度>8 m时，下部液压支架平均最大工作阻力36.9 MPa。以日推采进度0~2 m为基准，日推采进度2~4 m、4~6 m、6~8 m和>8 m时，液压支架平均最大工作阻力分别为日推采进度0~2 m时的1.0倍、1.1倍、1.1倍和1.3倍。由此可以说明随着工作面日推采进度的增大，工作面下部液压支架平均最大工作阻力呈不断升高趋势。

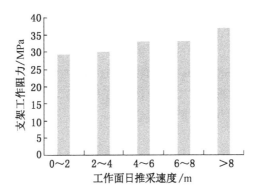

图5-32　工作面推采进度与下部液压支架
平均最大工作阻力统计

综上所述，随着工作面日推采进度的升高总体呈上升趋势，当工作面推采进度大于8 m时，中部及下部支架平均最大工作阻力明显升高，不利于冲击地压防治。因此，工作面合理日推采进度为6~8 m。

5.8 工作面"远距离辅巷多通道"快速回撤技术

5.8.1 "辅巷多通道"快速撤面技术

工作面机械设备的安全、快速回撤直接关系到矿井正常接续，是影响矿井经济效益的重要因素。随着煤矿机械化程度的提高，大功率、大吨位机械设备逐渐在工作面中应用，其安全快速的回撤显得愈发重要。20 世纪末，针对工作面快速回撤问题，神东矿区首先提出"辅巷多通道"快速回撤技术，如图 5 - 33 所示。经验表明，采用"辅巷多通道"快速回撤技术相比传统回撤工艺提高 3 ~ 5 倍。

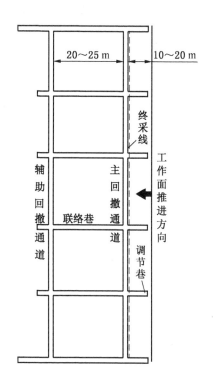

图 5 - 33 "辅巷多通道"回撤技术巷道布置示意图

该回撤系统具有如下特点：工艺简单，操作方便；安全通道多，避灾路线短，增加了职工的安全感；作面顶板易于管理，可实现回撤支架多头平行作业；主回撤通道的存在，缩短了撤架前的准备时间。"辅巷多通道"快速回撤技术虽然有上述显著优点，但应用这项技术也存在很大风险。如果支护设计不合理，在工作面末采期，主回撤通道面临冒顶、压死支架和冲击地压等事故隐患。

5.8.2 深部工作面"远距离辅巷多通道"快速回撤技术

对采深近700 m、底板为低强度泥岩、强冲击倾向性煤层，若仍采用"辅巷多通道"快速回撤方案，将面临冲击、底鼓、大变形等威胁。为此，提出"远距离辅巷多通道"快速回撤方案，即离终采线一定距离处（采动影响明显区外）布置主回撤通道，在主回撤通道与终采线之间掘出若干联络巷，如图 5-34 所示。

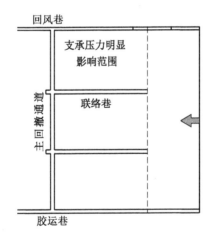

图 5-34 "远距离辅巷多通道"快速回撤技术巷道布置示意图

相比"辅巷多通道"快速回撤技术，"远距离辅巷多通道"快速回撤技术能有效减少受采动影响的巷道范围，增加辅巷的稳定性、安全性，减少支护费用。但是，"远距离辅巷多通道"快速回撤技术在陕蒙矿区的应用还需解决以下几个问题：①主回撤通道位置的确定和联络巷之间间距的确定；②受采动支承压力影响区域联络巷的冲击地压防治；③巷道底鼓变形的支护技术；④根据搬运方式、支架尺寸、支护方式和巷道变形等因素确定巷道断面尺寸。

1. 主回撤通道位置确定

工作面矿压显现的根源是采动引起的上覆岩层的运动。主回撤通道与终采线之间距离应大于支承压力影响范围。因此，掌握工作面支承压力分布规律，对合理确定主回撤通道与终采线之间的间距具有重要意义。

巷道采深近700 m，采空区周围岩层运动处于非充分运动阶段。采场载荷三带覆岩运动是以岩层组为单位的，每一岩层组中的厚硬岩层作为关键层，控制着该岩层组的运动和变形。各岩层组在工作面前方产生离层，离层出现在上方岩层组的关键层和下方岩层组的软弱岩层之间。采空区一侧离层端的连线称为岩层移动线，该线与水平线的夹角 α 称为岩层移动角。

采空区一侧煤体的侧向支承压力 σ 由自重应力 σ_q 和应力增量 $\Delta\sigma$ 两部分组成，其计算式为

$$\sigma = \Delta\sigma + \sigma_q \tag{5-13}$$

其中，$\Delta\sigma$ 等于采空区上方各关键层悬露部分传递到一侧煤体上的压力之和，即 $\Delta\sigma = \sum \sigma_i$。$\sigma_i$ 为第 i 层关键层悬露部分传递到一侧煤体上的压力，$i = 1 - n$。

此时，工作面回采至终采线附近时，处于非充分采动阶段。将工作面上覆坚硬岩层组分为上部岩层组和下部岩层组两部分。上部岩层组是指该岩层及上部岩层还未裂断、触矸的岩层；下部岩层组是指随着工作面回采发生周期性裂断、触矸的岩层。走向超前支承压力计算模型如图 5-35 所示。

1）上部岩层组应力增量计算

每个关键层的悬露部分传递到采空区一侧煤体的重量为其重

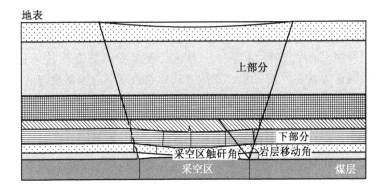

图 5-35 走向超前支承压力计算模型

量的一部分，其大小与采空区尺寸密切相关。传递到采空区一侧煤体的应力增量呈等腰梯形分布，则第 i 个关键层传递到采空区一侧煤体的应力增量的计算式为

$$\Delta\sigma_{1i} = \begin{cases} \sigma_{1maxi}x\tan\alpha/H_i & (0 \leqslant x < H_i\cot\alpha) \\ 2\sigma_{1maxi}(1 - x/2H_i\cot\alpha) & (H_i\cot\alpha \leqslant x < 2H_i\cot\alpha) \\ 0 & x \geqslant 2H_i\cot\alpha \end{cases}$$

$$(5-14)$$

式中　σ_{1maxi}——上部第 i 层关键层在采空区一侧煤体上产生的最大支承压力，$\sigma_{1maxi} = Q_i/H_i\cot\alpha$，MPa；

H_i——第 i 层关键层厚度中心到煤层底板的距离，$H_i = a/2 + M_i/2 + \Sigma M_j(j = 1, \cdots, i - 1)$，m；

M_i——第 i 层关键层厚度，m；

Q_i——其大小与采空区尺寸相关，$Q_i = \dfrac{aL_iM_i\gamma}{2\,(a+b)}$，m；

a——采空区工作面斜长，m；

b——采空区尺寸，m；

x——应力增量分布范围，m；

α——角度，（°）；

L_i——第 i 层关键层厚度中心位置在采空区的悬露长度，$L_i = b + 2H_i\cot\alpha$，m；

γ——岩层容重，t/m^3。

2）下部岩层组应力增量计算

下部岩层组为煤层顶板以上至上部岩层组以下岩层，包括直接顶和周期性破断、触矸的岩层。随着工作面回采，直接顶随着工作面回采逐渐冒落，周期性破断、触矸的岩层组发生周期性断裂。

下部岩层组远小于上部岩层组，且直接顶范围较小，因此将下部岩层看成一个整体。下部岩层组将重量（如图 5 - 35 所示三角形区域）传递到采空区一侧煤体的应力增量的计算式为

$$\Delta\sigma_{2i} = \begin{cases} 2\sigma_{2\max i}x\tan\alpha/a & (0 \leqslant x < a/2\cot\alpha) \\ 2\sigma_{2\max i}(1 - x/a\cot\alpha) & (a/2\cot\alpha \leqslant x < a\cot\alpha) \\ 0 & (x \geqslant a\cot\alpha) \end{cases}$$

$$(5-15)$$

式中　$\sigma_{2\max i}$——下部岩层在采空区一侧煤体上产生的最大支承压力，$\sigma_{2\max i} = 2Q_i/a\cot\alpha$，MPa。

将上覆岩层产生的应力增量叠加，从而得到应力增量 $\Delta\sigma$。

由自重产生的应力 σ_q 的计算式为

$$\sigma_q = \begin{cases} \gamma x\tan\alpha(0, H\cot\alpha) \\ \gamma H(H\cot\alpha, +\infty) \end{cases} \qquad (5-16)$$

式中　H——采深，m。

煤体能否发生冲击是应力与巷道围岩相互作用的结果。根据工程经验，当巷道掘进后所受外界应力 σ 与巷道围岩综合强度 σ_c 比值满足式（5 - 14）时，认为存在发生冲击条件。

$$\frac{\sigma}{\sigma_c} \geqslant 1.5 \qquad (5-17)$$

巷道掘进后应力 σ，由巷道掘进前的应力 σ_1［该值可以通过式（5 - 14）得到］与巷道掘进后在巷道两帮产生的应力集中

系数 k（一般取 1.3~1.4）确定，其计算式为

$$\sigma = k\sigma_1 \tag{5-18}$$

2. 石拉乌素煤矿 2-2$_{上}$201 工作面回撤方案

2-2$_{上}$201 工作面尺寸为 330 m×839 m，这里岩层移动角 α 为 84°，岩层触矸角 β 为 70°，采深为 685 m，工作面倾斜长度为 330 m，可得分段函数中自变量的计算区间为 $[0,8.5)[8.5,17)$ $[17,44.5)[44.5,72)[72,89)[89,+\infty)$。上部岩层作为一岩层组，则其厚度 M_1 为 520 m。将工作面参数代入式（5-14）至式（5-17）中，同时取岩层容重 γ 为 2.5 t/m³，计算得到 2-2$_{上}$201 工作面走向超前支承压力曲线，如图 5-36 所示。

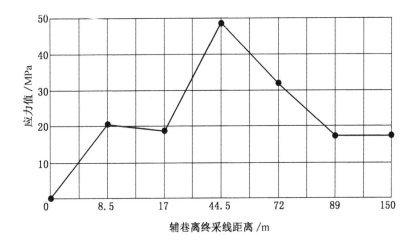

图 5-36 2-2$_{上}$201 工作面走向超前支承压力曲线

由图 5-36 可知，工作面前方出现两个应力高峰点，分别距工作面 8.5 m 和 44.5 m，应力峰值分别为 20.44 MPa 和 48.58 MPa。根据石拉乌素煤矿冲击倾向性鉴定报告，2-2$_{上}$煤层平均强度为 30 MPa，底板强度为 15 MPa，辅巷围岩综合强度 σ_c 为 22.5 MPa，由此可求得 σ_1 为 24 MPa，进一步计算可得主回

撤通道与终采线之间最小距离为 80.9 m。综合考虑巷道安全、技术和经济等因素，工作面"远距离辅巷多通道"回撤方案如图 5 - 37 所示。该回撤巷道由主回撤通道和联络巷组成。主回撤通道布置在终采线外侧 81 m 位置，联络巷布置两条，距回风巷分别为 110 m、220 m。

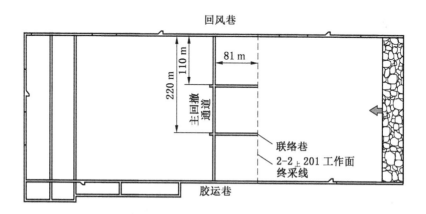

图 5 - 37　石拉乌素煤矿 2 - 2 上 201 工作面"远距离辅巷多通道"

单巷回撤巷道布置方案

3. 营盘壕煤矿 2201 工作面回撤方案

2201 工作面倾向长度 300 m、走向长度 3480 m，岩层移动角 α 为 84°，岩层触矸角 β 为 70°，采深为 720 m，工作面倾斜长度为 300 m，可得分段函数中自变量的计算区间为 [0, 15.75) [15.75, 31.5) [15.75, 45.7) [45.7, 75.6) [75.6, 91.4) [91.4, +∞)。上部岩层作为一岩层组，则其厚度 M_1 为 570 m。将工作面参数代入式（5 - 14）至式（5 - 17），同时取岩层容重 γ 为 2.5t/m³，计算得到 2201 工作面走向超前支承压力曲线，如图 5 - 38 所示。

受上覆岩层运动影响，在工作面前方出现一个应力高峰点，

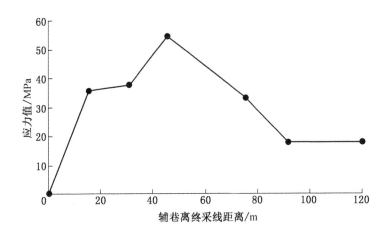

图 5 - 38　2201 工作面走向超前支承压力曲线

为距离工作面 45.7 m 处，应力峰值为 55 MPa。根据营盘壕煤矿冲击倾向性鉴定报告，2201 煤层平均强度为 21.35 MPa，辅巷围

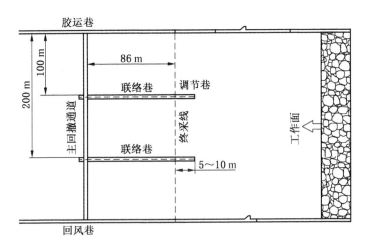

图 5 - 39　2201 工作面回撤通道布置方案

岩综合强度 σ_c 为 21.35 MPa，由此可求得 σ_1 为 22.875 MPa。进一步计算可求得主回撤通道与终采线之间最小距离为 86 m。综合考虑巷道安全、技术、经济等因素，2201 工作面"远距离辅巷多通道"回撤方案如图 5 - 39 所示。回撤巷道由主回撤通道和联络巷组成。主回撤通道距离终采线 86 m，联络巷布置两条，距胶运巷分别为 100 m、200 m。

6 鄂尔多斯深部矿井冲击 地压防控技术

6.1 防治原则

6.1.1 超前治理原则

在采前科学设计和科学评价的基础上，对预测出的冲击危险区进行超前治理，主要包括顶板预裂技术措施和煤层卸压技术措施。

6.1.2 低应力开采原则

在采取区域和超前治理防冲措施的基础上，通过实施卸压大直径钻孔等措施，降低工作面及巷道周围煤层的高应力状态，确保足够的保护带宽度，实现工作面低应力环境开采。

6.1.3 围岩结构改变原则

根据前述鄂尔多斯深部矿井冲击地压发生机制，对即时加载带岩层及其运动实施人工干扰措施，通过人工手段改善围岩结构、优化开采煤层的应力状态。

1. 巷道围岩

根据前述理论分析，深部巷道围岩结构的冲击破坏是冲击地压发生的主体。通过实施人工干预措施，主动改善围岩结构，将高应力向深部转移，形成足够的保护带宽度，是冲击地压防治的主要有效途径之一。其主要包括大直径钻孔卸压技术等措施。

2. 即时加载带岩层

通过实施人工干预措施，破坏即时加载带部分岩层的完整性，降低积聚弹性能的能力，减小岩梁垮落步距。同时，增大垮落矸石碎胀系数，间接减小延时加载带岩层的离层高度，进而实现围岩采动应力的均衡调整。其主要包括顶板定向水压预裂技术、顶板爆破预裂技术等措施。

6.1.4 精准防控原则

通过应用多参量冲击地压监测预警技术以及"地表沉降、顶板疏水、冲击地压"多参量冲击地压监测预警平台，全方位监控工作面和巷道围岩应力状态，在创新冲击地压监测预警算法的基础上，形成鄂尔多斯深部矿井冲击地压精准监控技术。在综合掌握工作面围岩应力演化规律和应力控制技术及参数的前提下，基于冲击危险区理论预判和采掘影响区冲击危险性监测结果，实现施工地点、施工时机的最优选择，形成冲击地压危险的"三位一体"综合防控技术体系，即时空超前防范、人工改善围岩结构、智能化监测为主的冲击地压精准防控。

6.2 采前冲击地压评估和预防

石拉乌素煤矿 221 盘区评价结果如图 6-1 所示。研究表明，冲击危险程度与煤层厚度变化密切相关，煤层厚度变化过渡区较易发生冲击地压，特别是煤层合并分岔、变薄、变厚等区域，易产生应力集中，增大了冲击地压危险程度。图中阴影部分的区域为中等冲击危险区域，其他区域为弱冲击危险区。

6.3 工作面顶板结构场优化预裂技术

6.3.1 工作面顶板结构场优化预裂防冲原理

1. 顶板预裂防冲原理

冲击地压的发生应具备力源诱发条件和发生冲击煤岩体两个必要条件，而采掘活动是造成煤岩应力集中的前提条件，是煤岩体破裂的必要前提。基于应力控制原理，只要对冲击地压必要条件进行约束，破坏形成煤岩体应力集中的力源条件，减少煤岩体积聚的能量或降低煤岩体积聚能量的能力，实现煤岩体采动应力的深部转移或积聚能量的部分释放，进而降低煤岩体发生冲击地压的危险性。

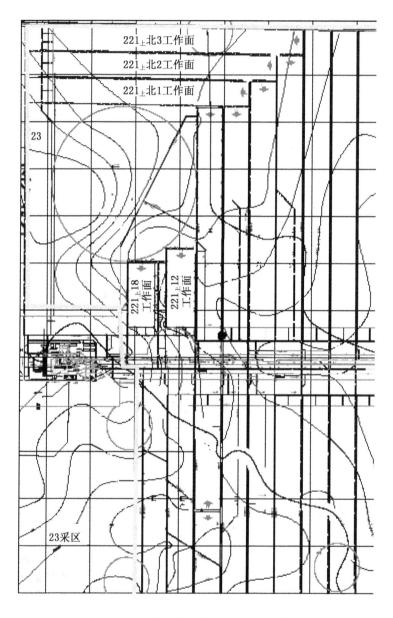

图6-1　石拉乌素煤矿221盘区评价结果

通过采用不同方法改变顶板岩层的物理状态，破坏顶板岩层的完整性，减弱顶板岩层在应力传递和积聚能量的能力，最终达到弱化顶板岩层运动、诱发冲击地压的目的。

2. 上覆关键厚硬岩层分布情况

以煤层分岔合并线进行划分，分别在煤层分岔区域内、南翼煤层合并区内及北翼煤层合并区内选取钻孔。根据所选取钻孔综合柱状图，统计各区域上覆关键岩层分布情况，见表6-1。

表6-1　各区域上覆关键岩层分布统计

钻孔	K16	K29	N51	N48
	砂质泥岩 14.86 m	细粒砂岩 14.68 m	砂质泥岩 29 m	细粒砂岩 19.97 m
	中粒砂岩 25.23 m		中粒砂岩 12 m	
第二关键层	砂质泥岩 7.33 m	2-1煤层 0.32 m	2-1煤层 0.6 m	2-1煤层 0.53 m
		砂质泥岩 11.72 m		粉砂岩 1.1 m
	2-1煤层 0.4 m	—	中粒砂岩 10 m	2-1煤层 0.68 m
	粉砂岩 5.12	—	砂质泥岩 5.04 m	砂质泥岩 4.81 m
第一关键层	细粒砂岩 19.73 m	细粒砂岩 16.87 m	细粒砂岩 18.86 m	粗粒砂岩 21.77 m
直接顶	—	砂质泥岩 5.84 m	—	—
		细粒砂岩 3.16 m		
	—	砂质泥岩 7.39 m	砂质泥岩 4.75 m	泥岩 2.98 m

距 $2-2_{上}$ 煤层上方约 10 m、35 m 和 300 m 处分别存在第一层砂岩组、第二层砂岩组和第三层砂岩组，其厚度分别为 20 m、22 m 和 330 m。

第三层砂岩组距煤层高度为 220～340 m，距煤层平均高度为 280 m。当上覆岩层破裂高度为采空区尺寸短边的一半以及采空区尺寸短边宽度为 560 m 时，工作面上覆第三层砂岩组破裂，如果此时继续回采，采空区尺寸将会增大，悬顶范围也将会不断增大，积聚能量后，发生大能量矿震的频次和能量将增加。目前石拉乌素煤矿工作面设计宽度一般为 300 m，因此，当石拉乌素煤矿开采第二个工作面时，二次见方位置第三关键层将开始破裂，在开采第三个工作面时将出现更大范围的破裂滑移，大能量矿震事件风险发生概率增大。

第一关键层是工作面开采初次破断的关键层；第二关键层是引起相邻工作面回采后沿空压力增大的关键层位；第三关键层是引起大能量矿震的关键层位，当该岩层引起大能量事件时，工作面冲击危险性将明显增大。

6.3.2　工作面顶板结构场优化预裂爆破技术

顶板岩层预裂爆破技术一般为顶板型冲击地压防治的优选爆破技术，该技术具有主动扰动、改变应力状态、预裂效果显著等特点。石拉乌素煤矿 $221_{上}08$ 工作面钻孔布置如图 6-2 所示。

开切眼断顶孔：预裂孔布置在工作面开切眼顶板，1～31 号爆破孔距开切眼设计南帮（非采侧）前 0.8 m，32～35 号爆破孔距开切眼设计南帮（非采侧）前 1.3 m。此次钻孔使用 ZBY-1900 型履带式钻机钻眼，钻孔间距 9 m，孔深 39 m，钻孔直径 $\varPhi75$ mm，1～31 号爆破孔施工方位角 270°，与水平方向呈 60°；32～35 号爆破孔施工方位角 90°，与水平方向呈 60°；钻孔位置应保持成一条直线，偏差不大于 100 mm，孔底保持在同一标高。

两巷道断顶孔：两巷道各布置 8 个断顶孔，钻孔间距 9 m，孔深 39 m，钻孔直径 $\phi75$ mm，钻孔方位角 180°，与水平方向呈 60°。

6.3.3　顶板水力压裂技术

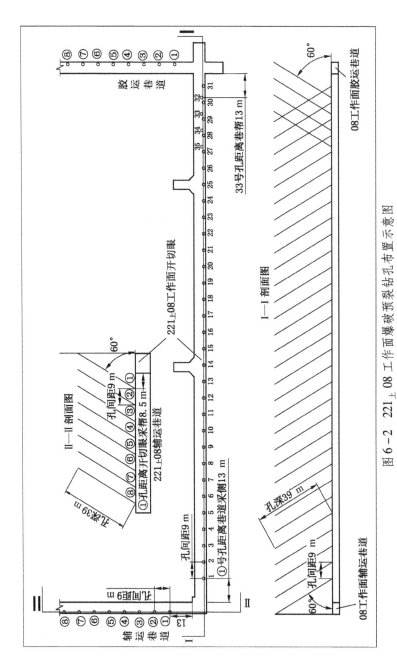

图 6-2 221上08 工作面爆破预裂钻孔布置示意图

顶板水力压裂技术具有施工安全、方便、经济实用等特点，近年来备受关注。从防冲角度看，与顶板爆破预裂技术相比，水力压裂技术顶板预裂效果次之。

顶板水力压裂技术通过在岩体中产生空间定向裂缝，在较短时间内，采用高压水将岩体沿预先切割的初始裂缝破裂，形成一定尺寸和形状的块体或分层。定向水力压裂技术为处理坚硬顶板提供了一种简单、有效的改变岩石物理属性的方法，而且其成本较低。通过利用定向压裂技术把坚硬顶板分层或切断，破坏岩层和围岩的结构及其完整性，实现了高集中应力的转移与释放，同时提高了能量传递的衰减程度，有效控制了冲击地压发生的应力条件和能量条件。实践中，在足够高的压力和足量的水压入的情况下所产生的分层面也称作拉裂面，半径可达 $10 \sim 25$ m。

通过对石拉乌素煤矿 $221_{\perp}01$ 工作面的地层综合柱状图分析可知，厚度为 9.31 m 细粒砂岩与厚度为 10.44 m 中粒砂岩的上覆岩层为水力压裂的岩层。为了确保 $221_{\perp}01$ 工作面开切眼高位坚硬顶板在工作面推采后能够有效垮落，将超前开切眼的 50 m 范围内布置 4 个超前孔，辅运巷超前孔（1）（2）方位角为 53°，超前孔（3）和（4）方位角为 90°，如图 6-3 所示。工作面开切眼内部钻孔方位角均为 135°，孔深为 $20 \sim 50$ m。

裂缝的发育半径与扩展方向直接影响压裂效果，原生裂隙的存在会使压裂裂缝发生扭转，但断层、陷落柱等地质构造或采空区的存在，则会阻断压裂裂缝的持续发育，导致压裂提前结束。通过综合考虑安全系数及现场施工方便，最终设定开切眼及巷道施工钻孔倾角为 55°。$221_{\perp}01$ 开切眼采用单孔两次压裂，确保上覆岩层弱化后相互影响，依靠上覆岩层由自重产生的载荷促使顶板进一步弱化。此次压裂位置为厚度 9.31 m 的细粒砂岩和厚度 10.44 m 的中粒砂岩。以上两层岩层厚度大，强度高，因此压裂孔间距不易过大。考虑到高压水往往容易"楔"开岩层间的交界面，导致水流"疏放"，致使水压下降，因此压裂孔间距不宜过小。同时参考巴彦高勒、纳林河二号井压裂硬质砂岩的施工经验，221$_上$01 工作面开切眼孔间距暂时设定为 13 m，开切眼前方 50 m 巷道范围内压裂孔孔间距设定为 12 m。

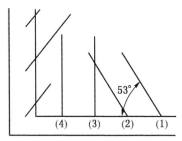

(a) 开切眼及超前钻孔布置

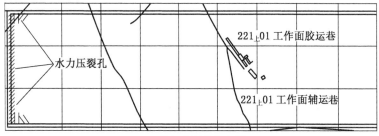

(b) 辅运巷超前孔布置

图 6-3 221$_上$01 工作面水压预裂钻孔布置平面示意图

6.4 大直径卸压钻孔应力防控技术及效果检验

冲击危险区卸压是指通过降低煤岩体的应力集中水平或将煤岩体应力集中区域向远离作业空间的深部煤岩体转移，从而降低其冲击危险性。对于还未形成高应力集中或不具有冲击危险的煤岩体，应采取区域应力控制措施，避免煤岩体中高应力的形成。对于已经形成应力集中或具有冲击危险的煤岩体，采用钻孔卸压，降低煤岩体应力集中程度，将应力集中区域向远离作业空间的煤岩体转移，降低煤岩体的冲击危险，从而防治冲击地压。大直径钻孔卸压技术由于对回采影响小、成本低、施工工艺简单且

133

适用性强，因此其应用最为广泛。

在煤体中合理布置卸压钻孔，使各钻孔卸压区之间相互连接、贯通，形成一条弱化带，从而破坏卸压区域煤体的承载结构，使得高应力环境下的煤体应力重新分布，改善了巷道围岩应力环境，降低了煤岩体的冲击危险性。同时，卸压区域煤体对深部煤体和巷道顶、底板中发生的动力显现起到吸能保护作用，降低了深部煤体失稳对巷道空间的影响。

对具有冲击地压危险的区域进行预卸压钻孔，应超前工作面200 m 施工；对掘进期间已施工完卸压钻孔的，暂不需要施工卸压钻孔。一般情况下，大直径钻孔卸压参数包括以下几项：

（1）强冲击危险区域。巷道回采帮不大于 1 m 实施一个大直径卸压钻孔，钻孔垂直于实体煤帮，距离底板 1.0～1.8 m。钻孔孔径为 ϕ150 mm，孔深不小于 20 m。

（2）中等冲击危险区域。巷道回采帮不大于 2 m 实施一个大直径卸压钻孔，钻孔垂直于实体煤帮，距离底板 1.0～1.8 m。钻孔孔径为 ϕ150 mm，孔深不小于 20 m。

（3）弱冲击危险区域。巷道回采帮不大于 3 m 实施一个大直径卸压钻孔，钻孔垂直于实体煤帮，距离底板 1.0～1.8 m。钻孔孔径为 ϕ150 mm，孔深不小于 20 m。

卸压效果一般通过冲击地压综合监测结果（如微震、煤体应力、钻屑等）进行综合研判，这里不再赘述。

6.5 监测预警技术与平台开发及应用

6.5.1 系统研发路线

在已有微震监测、煤层应力在线监测、工作面疏放水监测、地表沉降观测等的基础上，通过研发多参量智能化判别算法，开采形成了"冲击地压－顶板疏水－地表沉降"复合冲击地压监测预警平台系统，该系统研发思路如下：

（1）多参量综合监测。为保证冲击地压监测预警效果，采用"水文""地表沉降""应力场""震动场""支护体系"多参量综合监测方法。

（2）四维时空实时监测。其是指监测冲击危险的位置和时间。

（3）智能化监测预警。其融合了"静态"评价结果、"动态"监测结果和生产过程（推采进度、采掘相互影响）。

（4）井上下全空间复合灾害综合监测。其包括地表沉降、疏放水、冲击地压监测。

6.5.2 多参量预警算法设计

综合监测预警平台预警算法分为"回采工作面预警算法"和"掘进工作面预警算法"两大类,其作用机制如图6-4所示。

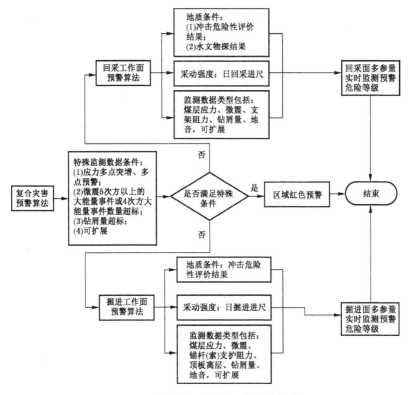

图6-4 复合灾害多参量预警算法结构图

两类预警算法分别通过"地质条件""采动条件"和各自包含的"监测数据"综合运算得到常规监测预警指数。

通过"特殊监测预警条件"对常规监测预警指数进行补充，当出现异常特殊数据时，直接跳入红色预警。对不同区域的"特殊监测预警条件"内容单独定义，使其更有针对性。

回采面与掘进面的多参量实时监测危险等级：$0 \leqslant I \leqslant 1$。危险程度分为"无冲击地压危险""弱冲击地压危险""中等冲击地压危险""强冲击地压危险"。预警级别判别标准及处理方法见表6-2。

表6-2 预警级别判别标准及处理方法

指标/等级	无	弱冲击地压危险	中等冲击地压危险	强冲击地压危险
临界 I 默认值	$[0,0.3)$	$[0.3,0.5)$	$[0.5,0.8)$	$[0.8,1]$
预警颜色	蓝色	黄色	橙色	红色
建议防治措施	监测区域采/掘工作正常作业	非生产班或掘进班对预警区域采取钻屑检验，同时加强监测预警关注度与防冲管理；可进行采/掘作业	严格控制预警区域人员数量，危险区域内必须制定强卸压、强支护措施，具体参数可根据各矿井自身情况确定；可进行采/掘作业，但是需降低采/掘速度（开采强度）	停止采/掘作业；针对预警区域制定相应的卸压解围措施；卸压解围后，应用钻屑检验冲击危险是否解除，解除危险后方可开展采/掘作业

1. 常规监测预警算法

1) 回采工作面常规预警算法

回采工作面常规预警算法主要考虑"地质条件""开采强度"和"监测数据"等三类，共8个因素。通过对各因素分别计算危险指数并赋予其权重系数 $k_1 \sim k_8 (\sum k_i = 1)$，最终得到回采工作面常规监测预警指数 $I_{常规}$。回采工作面常规监测预警算法结构图如图6-5所示。

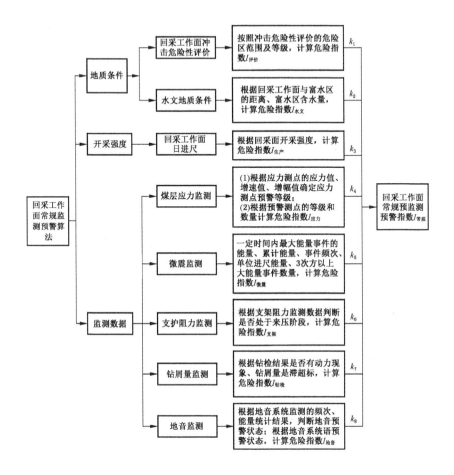

图 6-5　回采工作面常规监测预警算法结构图

（1）"地质条件"引入工作面回采期间的危险评价，不仅需要考虑工作面"静态条件"，而且需要兼顾水文条件对其进行补充。

（2）"开采强度"主要考虑了回采工作面推采强度对复合灾害显现的影响。

（3）"监测数据"引入了煤层应力、微震、支架阻力、钻屑量、地音等五类主要监测手段进行综合预警。监测数据种类可扩展。

2）掘进工作面常规预警算法

掘进工作面常规预警算法与回采工作面类似。通过对各因素分别计算危险指数并赋予其权重系数 $k_1 \sim k_8 \left(\sum k_i = 1 \right)$，最终得到"掘进工作面常规监测预警指数"$I_{常规}$。掘进工作面常规监测预警算法结构图如图 6-6 所示。

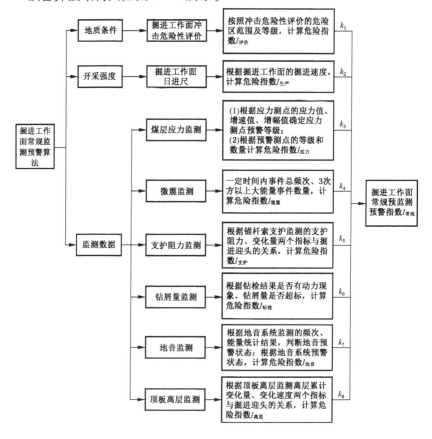

图6-6 掘进工作面常规监测预警算法结构图

（1）"地质条件"引入工作面掘进期间的危险评价，考虑了工作面"静态条件"，与回采工作面相比，掘进期间暂无水文物探数据。

（2）"开采条件"主要考虑了掘进速度对复合动力灾害显现的影响。

（3）"监测数据"则引入了煤层应力、微震、支护阻力、钻屑量、地音、顶板离层等六类主要监测手段进行综合预警。监测数据种类可扩展。

2. 特殊条件监测预警方法

常规监测预警算法由于考虑指标较多，单因素的极端异常极可能被出现被淹没的情况，为应对此类情况的发生，通过"特殊监测预警条件"对常规预警算法进行补充。系统首先判别是否达到了"特殊条件"，若达到条件，则直接判别为红色（强冲击地压危险，危险指数为1）；若未达到条件，则进入常规预警算法运算流程。特殊监测数据条件见表6-3，可定期更新。

表6-3 特殊预警条件出发标准

监测数据类型（可扩展）	异 常 指 标	回采工作面判别标准(可调参量)	掘进工作面判别标准(可调参量)
煤层应力监测数据	应力值红色预警数量	≥2 个	≥1 个
	应力值橙色预警数量	≥4 个	≥2 个
	增速值橙色预警数量	≥4 个	≥2 个
	可扩展	—	—
微震监测数据	24 h 内超大能量事件能量	最大能量≥10^5 J	最大能量≥10^4 J
	24 h 内大能量事件数	10^4 J 数量≥10	10^3 J 数量≥10
	可扩展	—	—
钻屑量数据	24 h 内超标情况	有超标	有超标

6.5.3 复合动力灾害监测平台系统功能设计及开发

复合灾害监测预警平台软件系统（简称平台系统），实现了矿山动力灾害多参量数据集成备份、监测系统综合分析、监测信息三维动态展示、多参量综合监测预报等功能，同时实现了矿山灾害相关的开采情况、地质资料、监测数据、检验数据、评价预测结果、预警状态等信息自动采集与三维动态展示，提高了矿山灾害监测管理的自动化水平。平台系统支持多种监测设备数据采集的接口，实现了使用频率较高的多种主流监测系统数据自动采集、常用动力灾害监测子系统全覆盖、数据统一管理。接入数据类型包括相关矿山动力灾害生产信息（开采进尺、来压情况、卸压工程等）、人工矿压监测数据（巷道变形、顶板离层、钻屑量检测、地表沉降等）、在线矿压监测数据（煤层应力、微地震、支架阻力等）。

1. 动压显现案例

2018 年 6 月 27 日，石拉乌素煤矿的 $221_{上}01$ 工作面发生一次 $1.5 \times 10^5 + 04$ J 能量的微震事件。该事件经定位，其与 $221_{上}01$ 轨道巷直线距离仅有 14 m，事件发生时附近巷道有明显的煤炮和扬尘等动压显现情况。

2. 系统综合预警与单系统预警对比

单系统的预警情况：通过综合展示软件，可直观得到距微震事件较近的 3 组煤层应力测点（F19、F20、F21）的数据。事件发生前，3 组煤层应力测点均未监测到异常。而事件发生前约两周的微震事件统计情况也较为稳定，未出现异常。

监控平台综合预警情况：事件前后，工作面预警等级由 0.32 增加至 0.54。其中，0~0.3 为正常监测；0.3~0.5 为弱冲击；0.5~0.8 为中等冲击；0.8~1 为强冲击。

3. 预警后的数据联合分析

事件发生后工作面局部危险等级指数由原来的 0.36 增加至 0.54，这说明平台系统的综合敏感性。微震事件发生前，其周围的煤层应力测点数据几乎无变化。微震事件发生后外侧的 F19 测点应力有增高趋势，而内侧的 F20 测点则应力下降。

7 采煤工作面冲击地压巷道支护设计

基于国内锚杆支护技术的发展水平和工程实际对抗冲击锚杆支护系统的要求，确定抗冲击锚杆支护系统的基本支护形式为高冲击韧性、高强度、高延伸率预应力树脂锚固螺纹钢锚杆、锚索、钢带及金属网等构件，对巷道的围岩进行全面强力支护。

7.1 冲击地压巷道破坏特征

7.1.1 石拉乌素煤矿和营盘壕煤矿实体煤条件煤巷破坏特征

石拉乌素煤矿和营盘壕煤矿井下巷道一般沿煤层底板掘进，煤层厚度约 5~10 m，埋深为 600~700 m，直接顶为砂质泥岩，基本顶为粉砂岩，而直接底一般为砂质泥岩。掘进期间变形破坏较明显，巷道掘出后顶板较为完好，煤帮上部距底板 1 m 范围内基本随掘随片，并伴随"劈啪"声响动，片帮深度约 1 m，煤帮中、下部掘进后较为完好。通过统计分析大量现场煤帮发生破坏情况可知，巷帮主要在肩角处发生破坏，其他类型破坏形式相对较少，且发生破坏的时间一般为巷道掘进期间与巷道成型后较短的一段时间内。巷道帮部煤体破碎片落，层理裂隙纵横，部分肩角处煤体片落深度过大，造成顶板跨度大大超过原有设计尺寸，存在冒顶隐患。

石拉乌素煤矿和营盘壕煤矿巷道围岩变形监测结果表明，四周实体煤开采条件下，顶、底板与两帮总体移近量很小，即大断面煤巷掘进期间主要问题为巷帮局部破坏严重，但整体变形不大。

7.1.2 其他矿井冲击地压巷道破坏特征

1. 新街矿区红庆河煤矿

$3^{-1}103$ 工作面新辅运巷在工作面回采期间发生多次显现事件，微震能量为 $10^5 \sim 10^6$ J，其主要表现为巷道底板被冲击鼓起、反转，巷道内碎石林立，底板冲击后平均鼓起约 1.5 m，最严重处目测底板鼓起可达 2.5 m。巷道顶板和两帮支护强度较高，没有出现严重的变形破坏。

2. 呼吉尔特矿区巴彦高勒煤矿

工作面设计三巷布置方式，间隔煤柱尺寸设计为 25 m。矿井在回采 11 盘区 03 工作面期间曾发生两次冲击地压事故，其中当工作面推进至 1490 m 时，工作面超前 100～400 m 范围内造成巷道损坏和人员伤亡等。

3. 呼吉尔特矿区门克庆煤矿

3102 回风留巷（煤柱宽 35 m）及西侧边界巷（泄水巷）受 3101 工作面一次采动影响时，自超前工作面 30～50 m 到滞后 900 m 区域，巷道变形从开始较小，到逐渐加剧，再到逐渐变缓、稳定。巷道底板鼓起量最大可达 800 mm，两帮最大移近量达 313 mm。局部锚杆支护几乎全部失效。在 3102 工作面回撤期间，回风巷受二次采动影响。当 3102 工作面回采至 162 m 时，回风巷超前工作面区域出现了第一次冲击地压，支架顶梁前顶板自回风巷延伸进入工作面（达 10 m）出现巨大裂缝，宽度达 20 mm，且台阶下沉；回风巷单体压弯、串缸超过 16 根，两帮鼓出普遍超 0.3 m，多处肩窝顶板出现下沉、破坏。此后工作面每推进 20～50 m 就会有冲击地压显现，伴随巨大响声，造成回风巷超前 100 m 区域顶板破裂、下沉，多处锚杆及锚索失效，底板鼓起超 1 m。

4. 纳林河矿区纳林河二号煤矿

纳林河二号煤矿煤层直接顶为 6.6 m 粉细砂岩、泥岩互层，上部基本顶为 17.2 m 中、细粒砂岩，底板为粉砂岩。目前，矿井在相邻的第一、第二盘区组织生产，其中一盘区已回采完 1 个工作面。回采期间多次发生冲击事件、巷道变形破坏。

5. 神东布尔台煤矿

神东布尔台煤矿 42106 综放工作面，采深约 420 m，倾向长度为 309 m，走向长度为 5074 m，邻近为 42105 工作面采空区，上方为 22 煤一盘区采空区。当 42106 工作面回采至距离开切眼 140.2 m 时，回风巷突然来压，前后溜机尾、153 号排头支架全部被帮鼓挤死，帮鼓量约 1.6 m。同时，导致 1 号、2 号超前支架立柱液压锁螺丝崩断，立柱安全阀损坏。回风巷顶板掉渣、冲击现象频发，煤帮鼓出 1.6 m，底板鼓起量达 1.5~2.5 m，巷道断面缩小。

7.2 冲击地压巷道锚杆支护设计方法

传统巷道支护设计方法主要有工程类比法、理论计算法、数值模拟法和工程监测法及动态信息设计法等。这些设计方法是基于静态载荷条件下建立的，并不完全适用于以动态冲击载荷和大变形为特点的冲击矿压巷道的支护设计，因此，需要采用适合冲击矿压巷道特点的巷道支护设计方法。

冲击地压发生的突发性、瞬时性和破坏性特点，对锚杆支护系统提出了更高要求。巷道锚杆支护系统应能提供可靠的支护强度及刚度，具备足够的可缩量，在与围岩同步变形过程中保持一定工作阻力和支护结构的稳定性。因此，巷道锚杆支护系统应具有一定的抗冲击能力，即巷道锚杆支护具有较高的冲击韧性，支护材料具有较高强度，支护系统具有较高的"柔性让压"变形能力和巷道护表能力。深部复杂结构煤层巷道防冲支护设计方法，如图 7-1 所示。

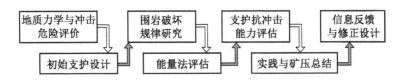

图 7-1　冲击地压巷道支护设计流程

具体方法步骤如下：

首先，进行巷道地质力学和冲击危险性评价。

其次，在巷道支护设计、围岩支护系统吸收能量、冲击能量等的基础上，评估巷道锚杆支护系统的吸能和抗冲击能力是否满足抗冲击要求。

最后，通过反馈信息修正支护设计。

目前，该方法在石拉乌素煤矿和营盘壕煤矿得到应用，效果良好。

7.3 工程实践

7.3.1 工程案例一：实体煤巷道

$221_{上}03$ 胶运巷两侧均为实体煤，掘进期间不受工作面采动影响。根据已知地质资料，掘进工作面地质条件简单，顶板完整性较好，基本不存在节理裂隙；煤帮部 1.5 m 以内层理呈竖向发育，且再生裂隙较为明显，完整性不好，这说明煤帮浅部控制效果欠佳；煤帮部再往深部 2.1 m 存在裂隙；煤帮其他位置完整性较好。

$221_{上}03$ 胶运巷沿煤层底板掘进，煤层厚度平均 5.43 m。直接顶为砂质泥岩，基本顶为中、细粒砂岩。在石拉乌素煤矿北翼巷道进行了两个测站的围岩强度测试。测试结果显示，顶煤强度平均 21.02 MPa，强度较高，而煤帮平均强度 14.29 MPa。顶煤和煤帮岩性均为煤，而强度不同的原因为帮部卸荷后，煤体变酥且原支护控制效果欠佳，因此造成煤体强度进一步削减。顶板砂质泥岩平均强度为 52.43 MPa，强度相对较高，稳定性较强。

顶板岩性以中、细砂岩为主，厚度为 35.51 ~ 120.02 m，平均厚度为 82.03 m，单位涌水量为 0.0112 L/(s·m)，富水性弱，渗透系数为 0.0941 m/d，透水性弱。底板岩性以中、细砂岩为主，厚度为 21.81 ~ 34.33 m，平均厚度为 28.27 m，单位涌水量为 0.0228 L/(s·m)，富水性弱，渗透系数为 0.151 m/d，透水性弱。通过分析已掘类似条件巷道矿压监测数据可知，石拉乌素煤矿实体煤巷道掘进和回采期间变形破坏比较轻微，掘进期间只有帮部肩窝处片帮，巷道最大变形量约 150 mm，顶板浅部离层在 10 mm 以内，深部离层在 5 mm 以内，巷道稳定性较好。221$_\text{上}$03 胶运巷断面尺寸：掘进宽度为 6.2 m，掘进高度为 4.4 m，断面积为 27.28 m²。

1. 顶板支护

杆体为 22 号左旋无纵筋 500 号螺纹钢筋，长度为 2.5 m，杆尾螺纹为 M24，螺纹长度为 150 mm，配高强度螺母。锚固方式为树脂加长锚固，采用两支锚固剂，一支规格为 MSCK2335，另一支规格为 MSK2360。钻孔直径为 30 mm，锚固长度为 1208 mm。托板采用拱型高强度托盘，力学性能与锚杆匹配，钢号不低于 Q235，规格为 150 mm × 150 mm × 12 mm，拱高不低于 34 mm，配调心球垫和减阻尼龙垫圈。钢带采用 W 型钢带，厚度为 4 mm，宽度为 280 mm，长度为 6000 mm。垂直巷道顶板。网片采用 8 号铁丝菱形网护顶，网孔规格为 50 mm × 50 mm，网片规格为 6200 mm × 1000 mm，网间搭接 100 mm。相邻两块网之间要用双股 14 号铁丝连接，要求孔孔相连。锚杆排距为 900 mm，每排 8 根锚杆，间距为 800 mm。

锚杆预紧扭矩：锚杆搅拌完成后及时利用扭矩倍增器（或风动扳手）拧紧螺母，预紧扭矩不低于 300 N·m。

锚索材料为 φ21.8 mm、1 × 19 股预应力钢绞线，长度为 6.3 m。锚固方式为树脂加长锚固，采用两支锚固剂，一支规格为 MSCK2335，另一支规格为 MSK2360。钻孔直径为 30 mm，锚固长度为 1930 mm。锚索托板采用 300 mm × 300 mm × 16 mm 高强度拱形可调心托板及配套锁具。锚索托板高度不低于 60 mm，厚度不小于 16 mm。顶板锚索每排 3 根布置，排距为 1800 mm，间距为 1600 mm，安装在两排顶锚杆中部。

锚索预紧力：锚索预紧力要达到 250 kN。

2. 巷帮支护

杆体为 22 号左旋无纵筋 500 号螺纹钢筋，长度为 2.5 m，杆尾螺纹为 M24，螺纹长度为 150 mm，配高强度螺母。锚固方式为树脂加长锚固，采用两支锚固剂，一支规格为 MSCK2335，另一支规格为 MSK2360。钻孔直径为 30 mm，锚固长度为 1208 mm。托板采用拱形高强度托盘，力学性能与锚杆匹配，钢号不低于 Q235，规格为 150 mm × 150 mm × 12 mm，拱高不低于 34 mm，配调心球垫和减阻尼龙垫圈。钢带采用 W 型钢护板，厚度为 5 mm，宽度为 280 mm，长度为 450 mm。锚杆角度垂直巷帮。考虑到施工因素，顶角和底角锚杆最大角度不得大于 10°。网片采用 8 号铁丝编织而成的菱形金属网护帮，网孔规格为 50 mm × 50 mm，网片规格为 4400 mm × 1000 mm。相邻两块网之间要用 14 号铅丝连接，网间搭接为 100 mm，双丝双扣，孔孔相连。锚杆排距为 900 mm，每排 5 根锚杆，间距为 900 mm。

锚杆预紧扭矩：利用扭矩倍增器（或风动扳手）拧紧螺母，不低于 300 N·m。巷道支护断面如图 7-2 所示。

3. 锚杆支护材料

杆体为 22 号左旋无纵筋 500 号螺纹钢筋。杆体直径为 22 mm，锚杆长度为 2.5 m，极限拉断力为 237.5 kN，屈服力为 188.5 kN，断后伸长率不低于 20%，锚杆冲击吸收功不小于 40 J。锚杆杆尾螺纹规格为 M24，螺纹长度为 150 mm，其采用滚压加工工艺成型，配高强度螺母。

树脂锚固剂型号分别包括：MSCK2335，即直径为 23 mm，长度为 350 mm，固化时间为超快速；MSK2360，即直径为 23 mm，长度为 600 mm，固化时间为快速。

拱形高强度托板规格为 150 mm × 150 mm × 12 mm，拱高不低于 34 mm，力学性能与锚杆杆体配套，配调心球垫和尼龙垫圈。采用宽度为 280 mm、厚度为 5 mm、长度为 450 mm 的 W 型钢护板作为大托板。肋高不低于 25 mm。

锚索材料为 φ21.8 mm、1 × 19 股预应力钢绞线，长度为 6.3 m，抗拉强度不低于 1860 MPa，极限破断力约 582 kN，总伸长率不低于 5%，配合高强度锁具和可调心托板。拱形高强度锚索托板规格为 300 mm × 300 mm × 16 mm，高度不低于 60 mm，配高强调心球垫，力学性能与锚索强度配套。

7.3.2 工程案例二：沿空煤巷1

1. 顶板支护

杆体为22号左旋无纵筋500号螺纹钢筋，长度为2.5 m，杆尾螺纹为M24，螺纹长度为150 mm，配高强度螺母。锚固方式为树脂加长锚固，采用两支锚固剂，一支规格为MSCK2335，另一支规格为MSK2360。钻孔直径为30 mm,锚固长度为1208 mm。托板采用拱型高强度托盘，力学性能与锚杆匹配，钢号不低于

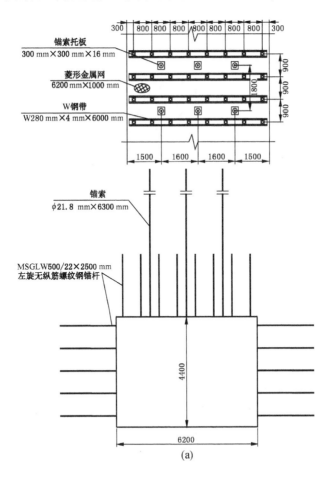

(a)

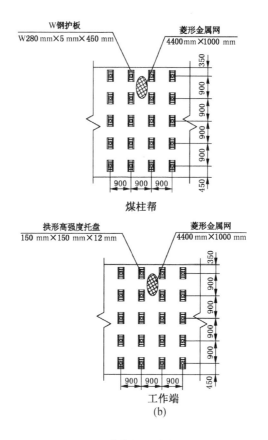

图 7 - 2 221上03 胶运巷支护设计断面图 (单位: mm)

Q235，规格为 150 mm × 150 mm × 12 mm，拱高不低于 34 mm，配调心球垫和减阻尼龙垫圈。钢带采用 W 型钢带，厚度为 4 mm，宽度为 280 mm，长度为 5300 mm。锚杆垂直巷道顶板。网片采用菱形金属网护顶，材料为 8 号铁丝，网孔规格为 50 mm × 50 mm，网片规格为 5500 mm × 1000 mm。相邻两块网之间要用双股 14 号铁丝连接，网间搭接 100 mm，要求孔孔相连。锚杆排距为 900 mm，每排 7 根锚杆，间距为 850 mm。

锚杆预紧扭矩：锚杆搅拌完成后及时利用扭矩倍增器（或

风动扳手）拧紧螺母，预紧扭矩不低于 400 N·m。

锚索材料为 $\phi21.8$ mm、1×19 股预应力钢绞线，长度为 7.3 m。锚固方式为树脂加长锚固，采用两支锚固剂，一支规格为 MSCK2335，另一支规格为 MSK2360。钻孔直径为 30 mm，锚固长度为 1930 mm。锚索托板采用 300 mm × 300 mm × 16 mm 高强度拱形可调心托板及配套锁具。锚索托板高度不低于 60 mm，厚度不小于 16 mm。顶板锚索采用每排 2 根布置和每排一根布置，排距为 900 mm。锚索安装在每两排顶锚杆之间，具体布置方式如图 7-3 所示。

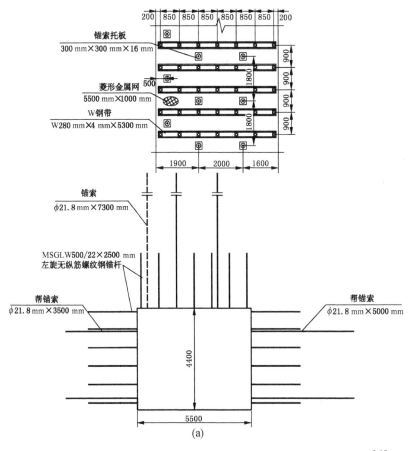

(a)

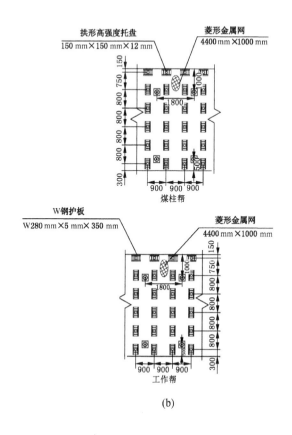

(b)

图 7 - 3 221$_{上}$08 辅运巷沿空段支护设计断面图（单位：mm）

锚索预紧力：锚索预紧力要达到 250 kN。

2. 巷帮支护

杆体为 22 号左旋无纵筋 500 号螺纹钢筋，长度为 2.5 m，杆尾螺纹为 M24，螺纹长度为 150 mm，配高强度螺母。锚固方式为树脂加长锚固，采用两支锚固剂，一支规格为 MSCK2335，另一支规格为 MSK2360。钻孔直径为 30 mm，锚固长度为 1208 mm。托板采用拱形高强度托盘，力学性能与锚杆匹配，钢号不低于 Q235，规格为 150 mm × 150 mm × 12 mm，拱高不低于 34 mm，配调心球垫和减阻尼龙垫圈。钢带采用 W 型钢护板，厚度为 5 mm，宽度为 280 mm，长度为 450 mm。锚杆角度垂直巷帮。考虑施工因素，顶角和底角锚杆最大角度不得大于 10°。网片采用金属网护帮，材料为 8 号铁丝，网孔规格为 50 mm × 50 mm，网片规格为 4400 mm × 1000 mm。相邻两块网之间要用 14 号铅丝连接，网间搭接 100 mm，双丝双扣，孔孔相连。锚杆排距为 900 mm，每排 6 根锚杆，上部第一根和第二根间距为 750 mm，其他帮锚杆间距为 800 mm。

锚杆预紧扭矩：利用扭矩倍增器（或风动扳手）拧紧螺母，不低于 400 N·m。

锚索材料为 ϕ21.8 mm、1 × 19 股预应力钢绞线，煤柱帮长度为 3.5 m，工作帮锚索长度为 5.0 m。锚固方式为树脂加长锚固，采用两支锚固剂，一支规格为 MSCK2335，另一支规格为 MSK2360。钻孔直径为 30 mm，锚固长度为 1930 mm。锚索托板采用 300 mm × 300 mm × 16 mm 高强度拱形可调心托板及配套锁具。锚索托板高度不低于 60 mm，厚度不小于 16 mm。煤柱帮和工作面帮均打设帮锚索，锚索安装在两排帮锚杆中部，采用每排 2 根布置，排距为 1800 mm，下部一根锚索距底板 500 mm，上部一根锚索距顶板 1000 mm。巷道支护断面如图 7 - 3 所示。

锚索预紧力：锚索预紧力要达到 250 kN。

3. 锚杆支护材料

杆体为 22 号左旋无纵筋 500 号螺纹钢。杆体直径为 22 mm，锚杆长度为 2.5 m，极限拉断力 237.5 kN，屈服力为 188.5 kN，总延伸率不低于 10%，锚杆冲击吸收功不小于 40 J。锚杆杆尾螺纹规格为 M24，螺纹长度为 150 mm，配高强度螺母。

树脂锚固剂型号分别包括：MSCK2350，即直径为 23 mm，长度为 500 mm，固化时间为超快速；MSK2350，即直径为 23 mm，长度为 500 mm，固化时间为快速。

拱形高强度托板规格为 150 mm × 150 mm × 12 mm，拱高不低于 34 mm，力学性能与锚杆杆体配套，配调心球垫和尼龙垫圈。采用宽度为 280 mm、厚度为 4 mm、长度为 5300 mm 的 W 钢带作为锚杆组合构件，钢带拱高不低于 25 mm。采用宽度为 280 mm、厚度为 5 mm、长度为 450 mm 的 W 型钢护板作为大托板，肋高不低于 25 mm。

菱形金属网：网孔规格为 50 mm × 50 mm，顶板菱形网片规格为 5500 mm × 1000 mm，帮部菱形网片规格为 4400 mm × 1000 mm。

锚索材料为 $\phi21.8$ mm、$1 × 19$ 股预应力钢绞线，抗拉强度不低于 1860 MPa，极限破断力约 582 kN，总延伸率不低于 5%，配合高强度锁具和可调心托板。顶锚索长度为 7.3 m，煤柱帮锚索长度为 3.5 m，工作帮锚索长度为 5.0 m。拱形高强度锚索托板规格为 300 mm × 300 mm × 16 mm，高度不低于 60 mm，配高强度调心球垫，力学性能与锚索强度配套。

7.3.3　工程案例三：沿空煤巷 2

营盘壕煤矿 2202 辅运巷采用大采高沿空掘巷防冲支护设计，该巷道一侧为 2201 工作面采空区，间隔煤柱宽度为 5 m；另一侧为 2202 工作面实体煤，生产进度符合项目研究要求。

2202 工作面是 22 盘区的第二个工作面，南侧为 2201 采空区。2201 辅运巷沿 2201 工作面采空区掘进，采用小煤柱护巷，区段煤柱尺寸为 5 m。该巷道是 2202 工作面主要辅助运输通道，先期掘进 3 号联络巷至 2202 开切眼段。

根据已知地质资料分析，掘进工作面地质条件简单，未发现断层、陷落柱等地质构造。顶板完整性较好，基本不存在节理裂隙；煤帮部 0.5 m 以内裂隙发育，完整性不好，再往煤帮深部 0.9 m 和 7.6 m 存在裂隙，煤帮深部完整性较好。

1. 顶板支护

杆体为 22 号左旋无纵筋 500 号螺纹钢筋，长度为 2.4 m，杆尾螺纹为 M24，螺纹长度为 150 mm，配高强度螺母。锚固方式为树脂加长锚固，采用两支锚固剂，一支规格为 MSCK2350，另一支规格为 MSK2350。钻孔直径为 30 mm，锚固长度为 1272 mm。

托板采用拱形高强度托盘，力学性能与锚杆匹配，钢号不低于Q235，规格为 150 mm×150 mm×12 mm，拱高不低于 34 mm，配调心球垫和减阻尼龙垫圈。采用 W 型钢带作为顶板锚杆组合构件，厚度为 4 mm，宽度为 280 mm，长度为 5800 mm。锚杆垂直巷道顶板。网片采用菱形金属网护顶，材料为 8 号铁丝，网孔规格为 50 mm×50 mm，网片规格为 6000 mm×850 mm。相邻两块网之间要用双股 14 号铁丝连接，网间搭接 100 mm，要求孔孔相连。锚杆排距为 750 mm，每排 8 根锚杆，间距为800 mm。

锚杆预紧扭矩：锚杆搅拌完成后及时利用扭矩倍增器（或风动扳手）拧紧螺母，预紧扭矩不低于 400 N·m。

锚索材料为 $\phi21.8$ mm、$1×19$ 股预应力钢绞线，长度为6.3 m。锚固方式为树脂加长锚固，采用两支锚固剂，一支规格为 MSCK2350，另一支规格为 MSK2350。钻孔直径为 30 mm，锚固长度 1868 mm。锚索托板采用 300 mm×300 mm×16 mm 高强度拱形可调心托板及配套锁具。锚索托板高度不低于 60 mm，厚度不小于 16 mm。锚索布置采用每排 3 根布置，排距为 1500 mm，间距为 1600 mm。锚索安装在两排顶锚杆中部。

锚索预紧力：锚索预紧力要达到 250 kN。

2. 巷帮支护

杆体为 22 号左旋无纵筋 500 号螺纹钢筋，长度为 2.4 m，杆尾螺纹为 M24，螺纹长度为 150 mm，配高强度螺母。锚固方式为树脂加长锚固，采用两支锚固剂，一支规格为 MSCK2350，另一支规格为 MSK2350。钻孔直径为 30 mm，锚固长度 1272 mm。托板采用拱形高强度托盘，力学性能与锚杆匹配，钢号不低于Q235，规格为 150 mm×150 mm×12 mm，拱高不低于 34 mm，配调心球垫和减阻尼龙垫圈。护板规格采用 W 型钢护板，厚度为5 mm，宽度为 280 mm，长度为 450 mm。锚杆垂直巷帮。网片采用金属网护帮，材料为 8 号铁丝，网孔规格为 50 mm×50 mm，网片规格为 4500 mm×1000 mm。相邻两块网之间要用 14 号铅丝连接，网间搭接 100 mm，双丝双扣，孔孔相连。锚杆排距为 750 mm，每排 6 根锚杆，间距为 800 mm。

锚杆预紧扭矩：锚杆搅拌完成后及时利用扭矩倍增器（或风动扳手）拧紧螺母，预紧扭矩不低于 400 N·m。

锚索材料为 φ21.8 mm、1×19 股预应力钢绞线。锚固方式为树脂加长锚固，采用两支锚固剂，一支规格为 MSCK2350，另一支规格为 MSK2350。钻孔直径为 30 mm，锚固长度为 1868 mm。锚索托板采用 300 mm×300 mm×16 mm 高强度拱形可调心托板及配套锁具。锚索托板高度不低于 60 mm，厚度不小于 16 mm。煤柱帮上部和中部打两根注浆锚索，用 W 钢带连接起来，长度为 4.3 m，间排距为 1500 mm，上部锚索距顶板 1000 mm。煤柱帮下部打一根普通高强锚索，长度为 4.3 m，间排距为 1500 mm，距底板 500 mm；回采帮上部和中部打两根普通高强锚索，长度为 5.0 m，间排距为 1500 mm，上部锚索距顶板 1000 mm。

锚索预紧力：锚索预紧力要达到 200 kN。

3. 锚杆支护材料

杆体为 22 号左旋无纵筋 500 号螺纹钢筋。杆体直径为 22 mm，锚杆长度为 2.4 m，极限拉断力为 237.5 kN，屈服力为为 188.5 kN，总延伸率不低于 10%，锚杆冲击吸收功不小于 40 J。锚杆杆尾螺纹规格为 M24，螺纹长度为 150 mm，其采用滚压加工工艺成型，配高强度螺母。

树脂锚固剂型号分别包括：MSCK2350，即直径为 23 mm，长度为 500 mm，固化时间为超快；MSK2350，即直径为 23 mm，长度为 500 mm，固化时间为快速。

拱形高强度托板规格为 150 mm×150 mm×12 mm，拱高不低于 34 mm，力学性能与锚杆杆体配套，配调心球垫和尼龙垫圈。采用宽度为 280 mm、厚度为 5 mm、长度为 450 mm 的 W 型钢护板作为大托板，肋高不低于 25 mm。顶板锚杆 W 钢带长度为 5800 mm，宽度为 280 mm，厚度为 4 mm；帮部锚索 W 钢带长度为 2000 mm，宽度为 280 mm，厚度为 4 mm。

顶板和帮部都采用菱形金属网：网孔规格为 50 mm×50 mm，顶板网片规格为 6000 mm×850 mm，帮部网片规格为 4500 mm×850 mm。

锚索材料为 ϕ21.8 mm、1×19 股预应力钢绞线，长度为 6.3 m（顶板）、5.0 m、4.3 m（帮部）3 种规格，抗拉强度不低于 1860 MPa，极限破断力约 582 kN，总延伸率不低于 5%，配合高强度锁具和可调心托板。

拱形高强度锚索托板规格为 300 mm×300 mm×16 mm，托板高度不低于 60 mm，配合高强调心球垫，力学性能与锚索强度配套。

7.4 巷道矿压监测

试验结果表明，采用支护设计优化方案的巷道围岩位移整体变化不大，顶板离层量很小，锚杆索受力在合理范围之内且变化量较小，围岩整体稳定性良好，支护参数能够达到技术要求。石拉乌素煤矿 221$_上$03 胶运巷矿压监测结果情况如下：

巷道掘进期间，巷道围岩表面位移监测曲线如图 7-4 所示。巷道围岩表面位移量在 50 mm 以内，其中底板无支护，因此位移量相对较大，两测站最大位移量分别为 45 mm 和 56 mm，顶板下沉量和帮部移近量均在 40 mm。围岩开挖后的位移在掘进 20 天至 30 天开始稳定，之后不再发生大的变化。围岩在掘进阶段出现一定程度的变形，但对于大断面巷道尺寸来说，变形量很小，巷道满足安全使用要求。

巷道掘进期间，巷道顶板离层监测曲线如图 7-5 所示。浅部离层相对于深部离层值较大，总离层值不大，控制在 10 mm 以内。这说明支护效果较好，没有产生大的离层现象，成功地控制了围岩变形及围岩内部离层的发生。

巷道掘进期间，巷道锚杆受力状况如图 7-6 所示。掘进阶段巷道锚杆受力在 40~80 kN 之间，未超过锚杆杆体屈服极限，与初始预紧力相差不大。这说明施加高预紧力后，锚杆索支护较好地发挥了围岩控制作用，锚杆处于良好的工作状态。

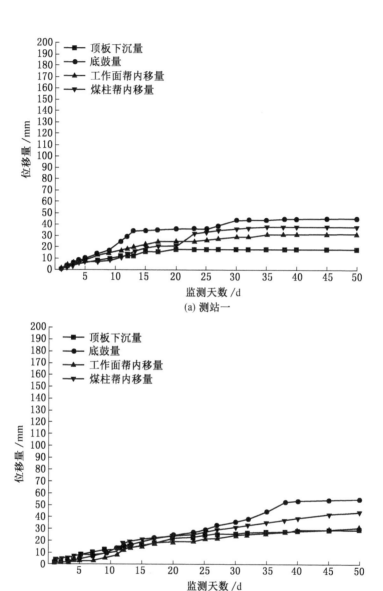

图 7-4 巷道表面位移监测曲线

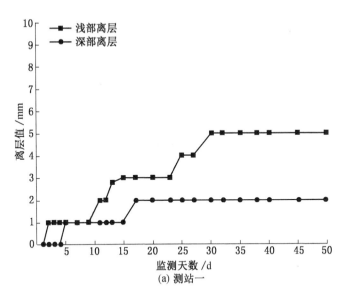

(a) 测站一

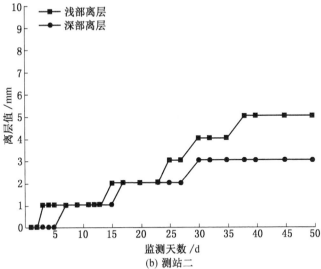

(b) 测站二

图 7-5 巷道顶板离层监测曲线

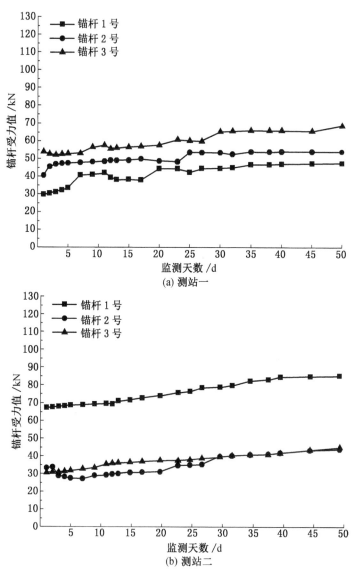

(a) 测站一

(b) 测站二

图 7-6　巷道锚杆受力监测曲线

8 防冲工程实践

8.1 工作面概况

8.1.1 矿井概况

石拉乌素煤矿位于内蒙古自治区鄂尔多斯市内，行政区划属伊金霍洛旗管辖。井田地面为典型高原堆积型沙丘地貌特征，地表大部被第四系风积沙所覆盖，局部有白垩下统地层出露，植被稀疏，为沙漠－半沙漠地区，气候属于干旱－半干旱的大陆性高原气候。矿区内沟谷不发育，在雨季偶有低洼积水。据"中国地震烈度区划图"划分，本区地震烈度为Ⅵ度，地震动峰值加速度为 0.05 g，属弱震区。本区历史上未发生过较大的破坏性地震。

井田的水文地质类型为复杂型。第四系松散含水层及白垩系含水层富水性中等，矿井正常涌水量为 1000 m³/h，最大涌水量为 1500 m³/h，实际涌水量为 1065 m³/h。井田划分二个含水层，即松散岩类孔隙潜水含水层、基岩类裂隙－孔隙潜水－承压水含水层。其主要隔水层有侏罗系中统安定组隔水层、侏罗系中下统延安组顶部隔水层及侏罗系中下统延安组底部隔水层。井田内没有水库、湖泊等地表水体，沟谷不发育。井田直接充水含水层为延安组承压水含水层。延安组承压水以侧向径流补给为主。

矿井核定生产能力为 800 × 10⁴ t/a，采用单一水平开拓，设计水平为 + 650 m。地面标高为 + 1332 ～ + 1340 m，地势平坦。工业场地内布置主、副、风三个立井。井底车场正东方向布置四条大巷，正西方向布置三条大巷，大巷两侧布置工作面回采。矿井采用中央并列式通风方式，抽出式通风方法。后期在井田东部设置后期回风立井，则矿井采用中央分列式通风方式，抽出式通风方法。矿井首采盘区为 221 盘区，开采 2 - 2 煤层。工作面采用走向长壁采煤方法，后退式回采，其中工作面北翼为综采、南翼为综放开采工艺，全部垮落法管理顶板。

为确保防冲安全，矿井建设期间先后成立冲击地压防治领导小组、防冲科和防冲队，配置了专职防冲副总工程师、防冲科长、防冲队长、防冲技术员等专职人员，安装运行了多种冲击地压监测系统和冲击地压综合监控预警平台，配备了多种冲击地压使用设备。

8.1.2　221$_\text{上}$06A 工作面基本情况

221$_\text{上}$06A 工作面位于 221 盘区中南部。221$_\text{上}$06A 工作面开采煤层以亮煤及暗煤为主，含丝碳及少量黄铁矿薄膜，条带状构造，半暗型煤。煤层中间含一层泥岩夹矸，由北至南逐渐减小（0.51~0.3 m）。煤层厚度变化不大，工作面北部相对较薄，南部相对较厚。煤层倾角 0°~3°，平均 1°，煤层结构复杂。煤层普氏系数一般在 1.79，为软 - 中等硬度煤层。煤层厚度在 8.51~9.53 m 之间，平均厚度 9.16 m。在该工作面北部，2 - 2$_\text{上}$ 和 2 - 2$_\text{中}$ 煤层间夹一层 0.7~2.8 m 的砂质泥岩；在 K47 钻孔南侧，2 - 2$_\text{上}$ 和 2 - 2$_\text{中}$ 煤层合并。合并区范围内，北部（K55 钻孔）煤层较厚，南部相对较薄；煤层结构复杂，含 1~3 层泥岩夹矸，夹矸厚度由北向南间距变小。

221$_\text{上}$06A 工作面煤层底板以砂质泥岩为主，遇水易膨胀。基本顶为灰白色中、细粒砂岩，泥质胶结，层理较发育。221$_\text{上}$06A 工作面综合柱状图如图 8 - 1 所示。工作面煤层底板标高平均 + 695.15 m，对应地面标高平均 + 1350.0 m，地面为沙地。工作面为四周实体煤开采，倾向长度为 289 m。

8.1.3　221$_\text{上}$01 工作面基本情况

221$_\text{上}$01 工作面整体为一单斜构造，煤层倾角平均约 2°，南部有两个较小褶斜，褶曲附近煤层倾角变化最大约 5°。工作面煤层人工假顶、直接顶为厚度 0.12~0.79 m 的煤岩互层，强度较低；基本顶为厚度 7.8~19.7 m（平均 15.82 m）的中、细粒砂岩，f = 3.5；直接底为砂质泥岩，厚度为 0~6.35 m（平均 2.25 m），

$f = 1.5$;基本底为中、细粒砂岩,厚度为 0 ~ 18.81 m(平均 10.85 m),$f = 3$。221$_{上}$01 工作面综合柱状图如图 8 - 2 所示。

柱状	岩石名称	层厚/m	岩性描述
	细粒砂岩	$\dfrac{0 \sim 28.58}{12.08}$	灰白色,泥质胶结,成分以石英为主,长石次之,平行层理
	2-1煤层	$\dfrac{0.14 \sim 1.17}{0.60}$	黑色,弱沥青光泽,以暗煤为主,含亮煤条带,块状构造,半暗型煤
	砂质泥岩	$\dfrac{1.4 \sim 12.87}{8.28}$	灰色,含植物化石碎片,平坦状断口
	细粒砂岩	$\dfrac{0 \sim 29.15}{8.48}$	灰色,以石英为主,含炭屑及云母,厚层状构造,均匀层理
	砂质泥岩	$\dfrac{0 \sim 8.98}{3.56}$	灰色,含植物化石碎片,平坦状断口
	中、细粒砂岩	$\dfrac{12.08 \sim 31.26}{21.91}$	灰白色,波状层理,以石英、长石为主,含云母及暗色矿物,泥质胶结,岩性坚硬
	砂质泥岩	$\dfrac{0 \sim 6.09}{1.68}$	浅灰色,含砂较均匀,含植物化石碎片,局部中间含一层细砂岩夹层
	2-2$_{上}$煤层	$\dfrac{4.65 \sim 5.45}{5.20}$	黑色,以亮煤及暗煤为主,含丝碳及少量黄铁矿薄膜,条带状构造,中间含多层泥岩夹矸,半暗型煤
	砂质泥岩	$\dfrac{0.2 \sim 3.0}{0.53}$	浅灰色,含砂较均匀,含植物化石碎片,中间含一层砂质泥岩夹层
	2-2$_{中}$煤层	$\dfrac{3.66 \sim 4.09}{3.92}$	黑色,块状,细条状构造
	砂质泥岩	$\dfrac{0 \sim 10.52}{6.44}$	深灰色,巨厚层状,砂泥质结构,平行层理,含少量植物化石

图 8 - 1 221$_{上}$06A 工作面综合柱状图

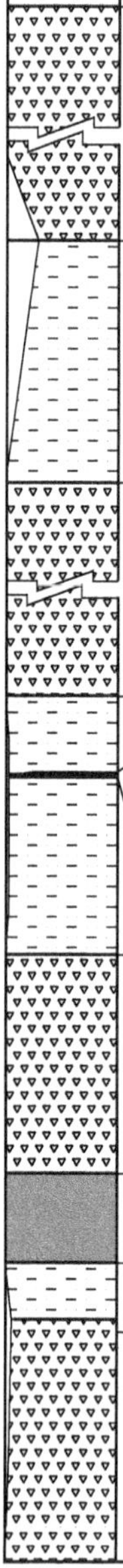

柱状	岩石名称	层厚/m	岩性描述
	中、细粒砂岩	$\dfrac{0\sim36.54}{19.61}$	灰绿色，含少量暗色岩屑及云母，泥质胶结，层理均匀
	砂质泥岩	$\dfrac{0\sim18.7}{13.53}$	灰绿色，见厚层状，半坚硬，具水平层理，断口平坦
	中、细粒砂岩	$\dfrac{5.61\sim36.12}{20.49}$	灰绿色，见厚层状，泥质填隙，半坚硬，成分以石英为主，长石次之
	砂质泥岩	$\dfrac{0\sim9.86}{3.08}$	灰绿色，含植物化石碎片，层理均匀，含黄铁
	2-1煤层	$\dfrac{0\sim0.4}{0.24}$	黑色，黯淡光泽，块状构造，暗煤为主，含丝碳
	砂质泥岩	$\dfrac{0\sim16.38}{7.21}$	浅灰色，具透镜状层理，含岩屑及云母，局部见植物化石碎片
	中、细粒砂岩	$\dfrac{7.79\sim19.73}{15.82}$	灰白色，平行层理，以石英长石为主，含云母及暗色矿物，泥质胶结，半坚硬
	2-2上煤层	$\dfrac{4.39\sim5.85}{4.98}$	黑色，弱沥青光泽，呈细条带状，黑褐色条痕，中间含多层泥岩夹矸，半暗型煤
	砂质泥岩	$\dfrac{0\sim6.35}{2.25}$	浅灰色，砂质较均匀，含植物化石碎片，局部中间含一层细粒砂岩夹层
	中、细粒砂岩互层	$\dfrac{6.35\sim18.61}{10.85}$	灰白色，具厚层状，半坚硬，含薄层泥质砂岩，见有云母，均匀层理

图 8-2 221上01 工作面综合柱状图

工作面西侧南部为221$_\text{上}$17工作面采空区，东侧、北侧及西侧北部均为实体煤。工作面倾斜长度为280 m，平均采深为692 m，煤层厚度为4.2~5.8 m，平均厚度为4.98 m，工作面采用一次采全高综采工艺。该工作面所采煤层为矿井首采煤层，不涉及保护层开采及遗留煤柱问题。221$_\text{上}$01工作面辅运巷道沿空段与221$_\text{上}$17工作面采空区间段煤柱宽度为5 m。工作面不存在采掘相互干扰问题。根据冲击危险性评价结论可知，工作面冲击危险等级为中等。

8.2　工作面冲击地压防治效果

8.2.1　221$_\text{上}$06A工作面来压期间的防冲效果

在221$_\text{上}$06A工作面，其轨道巷第二组应力计距开切眼50 m，该组应力计浅部为16 MPa、深部为14 MPa，如图8-3所示。当工作面推进至距应力计4 m时应力计撤除。工作面运输巷第二组应力计距开切眼50 m，自开始回采以来压力变化不大，如图8-4所示。

工作面初次来压期间，工作面及两巷动力现象不明显；来压期间有较大煤炮，频次不多，个别地点顶板破碎，煤壁有片帮现象，煤尘较大，顶板无淋水。

1. 监测结果情况

微震区域监测结果情况：初次来压期间，微震事件每日总频次和总能量增加，总能量为6.74×10^3 J，单次最大能量为2.78×10^3 J，能量值总体不大。

2. 局部结果情况

应力监测、钻屑检测等局部结果情况：两巷内应力监测点除轨道巷2号应力计上升外，其他无明显上升现象。2号应力计附近煤粉监测结果正常，超前200 m区域范围卸压，钻孔无塌孔现象。

3. 工作面支架阻力情况

由工作面支架阻力变化曲线可知，液压支架工作阻力明显增

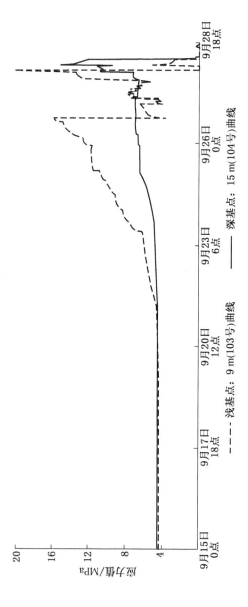

图 8 - 3 轨道巷应力在线曲线图

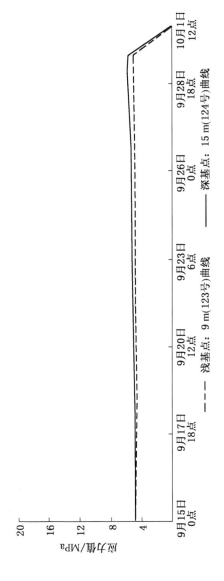

图 8 - 4　运输巷应力在线曲线图

— — — 浅基点：9 m(123号)曲线　　　—— 深基点：15 m(124号)曲线

165

大，最大值为 46.5 MPa，平均值为 13.7 MPa，整体呈自轨道巷至运输巷依次来压。工作面基本顶初次来压步距为 36.4 m（含开切眼 12 m），至 9 月 25 日基本顶初次来压结束。

4. 超前巷道围岩移近量变化规律

两巷距开切眼煤壁 60 m、80 m 处巷道两帮及顶、底板位移曲线如图 8 - 5、图 8 - 6 所示。

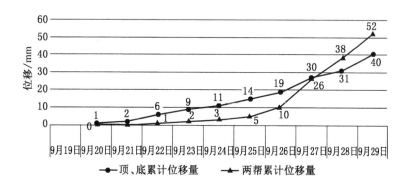

图 8 - 5　轨道巷 60 m 处测站围岩移近量变化图

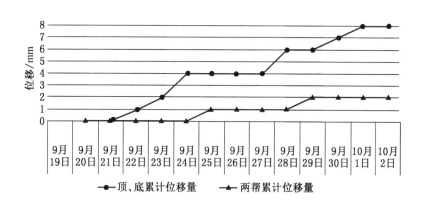

图 8 - 6　运输巷 80 m 处测站围岩移近量变化图

轨道巷受工作面采动影响，顶、底板移近量累计 52 mm，移近速度最大 9 mm/d，两帮移近量累计 40 mm，移近速度最大 16 mm/d。运输巷受工作面采动影响，顶、底板移近量累计 8 mm，移近速度最大 1 mm/d，两帮移近量累计 2 mm，移近速度最大 1 mm/d。

8.2.2 221$_{上}$01 工作面防冲效果

1. 小煤柱沿空巷道掘进期间

221$_{上}$01 工作面辅运掘进巷道（沿空段）21 号、22 号（位置在距离工作面横贯北帮约 560 m 处，距掘进迎头 287 m）测点位置如图 8 - 7 所示。由图可知高应力区为应力测点外侧 70 m 和应力测点以里 30 m 位置，总距离为 100 m。221$_{上}$01 工作面沿空巷道 21 号、22 号测点位置如图 8 - 8 所示。

221$_{上}$17 工作面和 221$_{上}$01 工作面之间区段煤柱宽度 5 m，沿空巷道宽度 5 m，应力升高点位于围岩 15 m 深度，为侧向高应力区，如图 8 - 9、图 8 - 10 所示。由图可以看出以下几点：

（1）结合邻近已采的 221$_{上}$17 工作面回采期间 2 号联络巷和 3 号联络巷测点相对应力动态变化曲线可以看出，2 号联络巷除 53 号（23 m）和 54 号（32 m）测点出现下降以外，其他各测点都出现上升情况。51 号（14 m）测点出现增加后逐渐平稳情况。

（2）侧向 20 m 范围为工作面采动影响明显区，23 ~ 32 m 为低应力区。3 号联络巷除 44（35 m）号测点出现下降以外，其他各测点都出现上升情况。应力上升测点中 41 号（20 m）应力上升最快，42 号（25 m）、43 号（30 m）、45 号（45 m）、46 号（55 m）测点增长幅度近似，47 号（75 m）测点增长缓慢；侧向影响范围大于 75 m。

（3）现场监测的高应力点与已采的 221$_{上}$17 工作面开切眼相距约 410 m，工作面倾向长度为 330 m。共施工 7 个卸压钻孔，施工位置为 480 ~ 487 m，距离预警应力计 70 ~ 77 m。现场施工时具体动力现象见表 8 - 1。

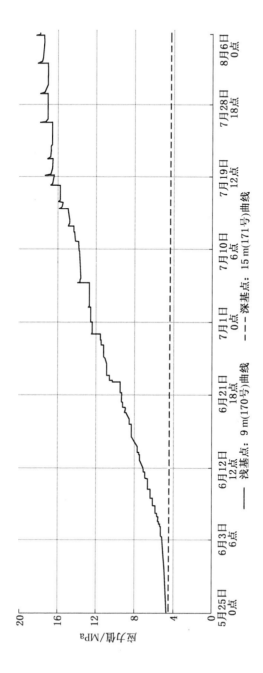

图 8 − 7 221$_{上}$01 工作面沿空巷道 21 号、22 号测点应力增大情况

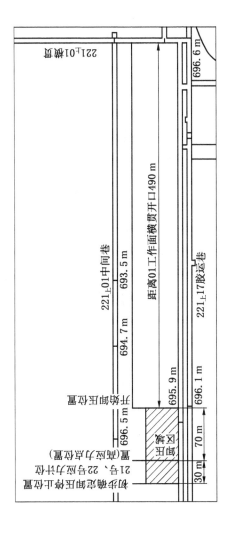

图 8-8 221上01 工作面沿空巷道 21 号、22 号测点位置

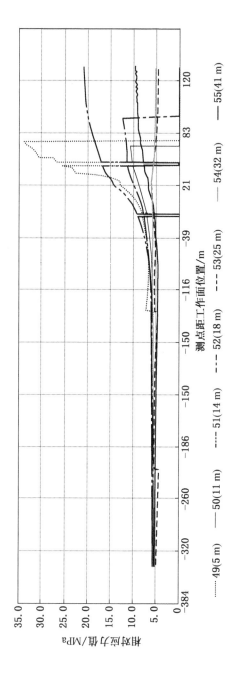

图 8-9 2 号联络巷相对应力与工作面位置的变化曲线

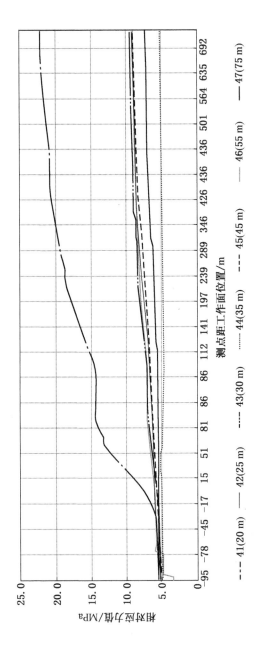

图 8 - 10 3 号联络巷相对应力与工作面位置的变化曲线

--- 41(20 m) —— 42(25 m) ---- 43(30 m) ····· 44(35 m) --- 45(45 m) —— 46(55 m) —— 47(75 m)

纵轴标签：相对应力值/MPa（25.0 20.0 15.0 10.0 5.0 0）

横轴标签：测点距工作面位置/m

横轴刻度：-95 -78 -45 -17 15 51 81 86 112 141 197 239 289 346 426 436 436 501 564 635 692

表 8-1　现场施工卸压孔动力现象

编号	钻孔深度/m	钻孔直径/m	动 力 现 象
1	20	150	1~5 m 钻进正常。6~16 m 煤炮频繁。17~20 m 无煤炮
2	19		1~6 m 钻进正常。7 m 出现煤炮、轻微吸钻，顶板掉落煤渣。随钻进深度增加，煤粉颗粒及煤粉量逐渐增大、增多。12 m 后煤炮逐渐变少、变小，颗粒变小。18 m 时有煤炮发生，有吸钻现象，共施工 19 m
3	20		1~3 m 钻进正常。4~7 m 出现煤炮、轻微吸钻，顶板有掉落的煤渣，随钻进深度增加，煤粉颗粒及煤粉量逐渐增大、增多。12 m 后煤炮逐渐变少、变小，颗粒变小。18 m 时有煤炮发生，有吸钻现象，共施工 20 m
4	20		1~6 m 钻进正常。7~8 m 轻微卡钻、钻速慢、煤粉颗粒（玉米粒）小，煤炮频繁。12 m 出现大煤炮，钻进正常
5	20		早班 4 m 钻进困难，7 m 轻微卡钻，8 m 煤炮频繁。中班继续施工，10~16 m 煤炮频繁，17~20 m 钻进正常、无煤炮
6	20		1~5 m 钻进正常、无煤炮。8~13 m 轻微卡钻。6~13 m 煤炮频繁。14~16 m 煤炮频繁。17~20 m 钻进正常、无煤炮

由表 8-1 可以看出，现场施工卸压钻孔时动力显现明显，尤其是距 221$_{上}$17 采空区 16~27 m 动力显现明显，超出 16 m 之后（即距采空区 27 m 之后）钻进正常。其主要原因为侧向支承压力、221$_{上}$17 工作面见方、褶曲应力叠加导致。

2. 工作面回采期间

工作面推采前，提前实施了高应力区煤体钻孔卸压、开切眼和沿空区顶板岩层预裂等措施。工作面推采期间，现场没有出现较强矿压显现，工作面及两巷动力现象不明显，来压期间有较大煤炮，频次不多，煤尘较大，顶板无淋水，局部区段顶板较破碎，巷道围岩变形不明显，现场照片如图8-11所示。工作面推采期间，沿空巷道两帮最大移近量约0.6 m，顶、底板最大移近量约0.8 m。

图8-11 221上01工作面辅运巷小煤柱护巷沿空巷道效果照片

2016—2021年221上01工作面大能量微震事件平面分布示意图如图8-12所示。由图可知，较大能量微震事件数量在工作面推采至一侧采空区阶段前变化不大，但分布密度增大；工作面推采至采空区见方阶段（也是工作面推采的末采期），较大能量微震事件明显增多，分布密度也较大。2016—2021年所有能量大于或等于10^5 J的微震数据，其空间分布如图8-12所示。

实践表明，在科学采取综合防冲措施的基础上，工作面实现了防冲安全生产目标。

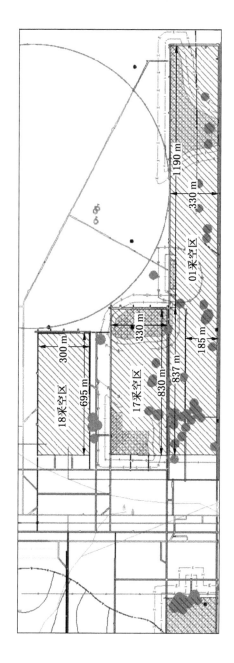

图 8 – 12　2016—2021 年 221$_\text{上}$01 工作面大能量微震事件平面分布示意图

参 考 文 献

[1] 李希勇. 新汶矿区深部煤炭资源开采现状及科学对策［C］//中国煤炭工业协会. 全国煤矿千米深井开采技术. 徐州：中国矿业大学出版社，2013.

[2] 李希勇. 岩层断裂法防治冲击地压的应用实践［J］. 煤炭科学技术，2008.

[3] 李希勇，张修峰. 上行采煤法治理复杂条件冲击矿压的研究与实践［J］. 煤矿开采，2004.

[4] 李希勇，张修峰. 典型深部重大冲击地压事故原因分析及防治对策［J］. 煤炭科学技术，2003.

[5] 李希勇，陈尚本，张修峰. 保护层开采防治冲击地压的应用研究［J］. 煤矿开采，1997.

[6] 潘一山，冯夏庭，何满潮，等. 煤矿冲击地压［M］. 北京：科学出版社，2018.

[7] 齐庆新，窦林名. 冲击地压理论与技术［M］. 徐州：中国矿业大学出版社，2008.

[8] 姜耀东，潘一山，姜福兴，等. 我国煤炭开采中的冲击矿压机理和防治［J］. 煤炭学报，2014.

[9] 潘一山，李忠华，章梦涛. 我国冲击地压分布、类型、机理及防治研究［J］. 岩石力学与工程学报，2003.

[10] 窦林名，何江，曹安业，等. 煤矿冲击矿压动静载叠加原理及其防治［J］. 煤炭学报，2015.

[11] 翟明华，姜福兴，齐庆新，等. 冲击地压分类防治体系研究与应用［J］. 煤炭学报，2017.

[12] 姜福兴，刘懿，张益超，等. 采场覆岩的载荷三带结构模型及其在防冲领域的应用［J］. 岩石力学与工程学报，2016.

[13] 窦林名，陆菜平，牟宗龙，等. 冲击矿压的强度弱化减冲理论及其应用［J］. 煤炭学报，2005.

[14] 潘立友，蒋宇静，李兴伟，等. 煤层冲击地压的扩容理论［J］. 岩石力学与工程学报，2002.

[15] 齐庆新，陈尚本，王怀新，等. 冲击地压、岩爆、矿震的关系及其数

值模拟研究［J］. 岩石力学与工程学报，2003.

［16］齐庆新，欧阳振华，赵善坤，等. 我国冲击地压矿井类型及防治方法研究［J］. 煤炭科学技术，2014.

［17］郭惟嘉，孔令海，陈绍杰，等. 岩层及地表移动与冲击地压相关性研究［J］. 岩土力学，2009.

［18］王利，张修峰. 巨厚覆岩下开采地表沉陷特征及其与采矿灾害的相关性［J］. 煤炭学报，2009.

［19］毛仲玉，张修峰，赵培合. 联合长壁工作面冲击地压预测与防治对策［J］. 煤矿开采，1995.

［20］张修峰. 华丰煤矿煤柱冲击地压发生规律及防治［C］//第九届全国岩石动力学学术会议论文集. 2005.

［21］朱栋，张修峰，苗磊刚. 厚松散层下开采岩移特征规律分析［J］. 内蒙古煤炭经济，2018.

［22］曹安业，范军，牟宗龙，等. 矿震动载对围岩的冲击破坏效应［J］. 煤炭学报，2010.

［23］姜福兴. 高地应力特厚煤层"蠕变型"冲击机理研究［J］. 岩土工程学报，2015.

［24］姜福兴，王玉霄，李明，等. 上保护层煤柱引发被保护层冲击机理研究［J］. 岩土工程学报，2017.

［25］姜福兴，魏全德，王存文，等. 巨厚砾岩与逆冲断层控制型特厚煤层冲击地压机理分析［J］. 煤炭学报，2014.

［26］吕进国，姜耀东，李守国，等. 巨厚坚硬顶板条件下断层诱冲特征及机制［J］. 煤炭学报，2014.

［27］王利，张修峰. 巨厚覆岩下开采地表沉陷特征及其与采矿灾害的相关性［J］. 煤炭学报，2009.

［28］孔令海. 特厚煤层大空间综放采场覆岩运动及其来压规律研究［J］. 采矿与安全工程学报，2020.

［29］孔令海，姜福兴，杨淑华，等. 基于高精度微震监测的特厚煤层综放工作面顶板运动规律研究［J］. 北京科技大学学报，2010.

［30］孔令海，姜福兴，王存文，等. 基于高精度微地震监测技术的特厚煤层综放面支架围岩关系研究［J］. 岩土工程学报，2010.

［31］王存文，姜福兴，王平，等. 煤柱诱发冲击地压的微震事件分布特征与力学机理［J］. 煤炭学报，2009.

［32］赵斌，李秋，李新元．矿井深部开采冲击地压发生的规律及影响因素［J］．煤炭工程，2005．

［33］张修峰．华丰煤矿煤柱冲击地压发生规律与防治［J］．岩石力学与工程学报，2005．

［34］朱斯陶，姜福兴，刘金海，等．我国煤矿整体失稳型冲击地压类型、发生机理及防治［J］．煤炭学报，2020．

［35］孔令海，姜福兴，王存文．特厚煤层综放采场支架合理工作阻力［J］．岩石力学与工程学报，2010．

［36］杨胜利，王家臣，杨敬虎．顶板动载冲击效应的相似模拟及理论解析［J］．煤炭学报，2017．

［37］李海涛，刘军，赵善坤，等．考虑顶底板夹持作用的冲击地压孕灾机制试验研究［J］．煤炭学报，2018．

［38］蒋军军，邓志刚，赵善坤，等．动载荷诱发卸荷煤体冲击失稳动态响应机制探讨［J］．煤炭科学技术，2018．

［39］王博，姜福兴，朱斯陶，等．深井工作面顶板疏水区高强度开采诱冲机制及防治［J］．煤炭学报，2020．

［40］王博，姜福兴，朱斯陶，等．陕蒙接壤深部矿区区段煤柱诱冲机理及其防治［J］．采矿与安全工程学报，2020．

［41］张振峰，张修峰，韩跃勇，等．深埋复杂结构煤层小煤柱沿空掘巷围岩控制技术研究［J］．中国矿业，2020．

［42］蒋金泉，武泉林，曲华．硬厚岩层下逆断层采动应力演化与断层活化特征［J］．煤炭学报，2015．

［43］牟宗龙，窦林名，倪兴华，等．顶板岩层对冲击矿压的影响规律研究［J］．中国矿业大学学报，2010．

［44］姜福兴，魏全德，姚顺利，等．冲击地压防治关键理论与技术分析［J］．煤炭科学技术，2013．

［45］王存文，姜福兴，孙庆国，等．基于覆岩空间结构理论的冲击地压预测技术及应用［J］．煤炭学报，2009．

［46］姜福兴，刘懿，翟明华，等．基于应力与围岩分类的冲击地压危险性评价研究［J］．岩石力学与工程学报，2017．

［47］谭云亮，王子辉，刘学生，等．采动诱冲动能估算及冲击危险性评价［J］．煤炭学报，2021．

［48］邓志刚．基于三维地应力场反演的宏观区域冲击危险性评价［J］．

煤炭科学技术，2018.

[49] 陆菜平，张修峰，肖自义，等．褶皱构造对深井采动应力演化的控制规律研究［J］．煤炭科学技术，2020.

[50] 王爱文，王岗，代连朋，等．基于临界应力指数法巷道冲击地压危险性评价［J］．煤炭学报，2020.

[51] 吴宝杨，孔令海，赵善坤．近距离煤层群开采条件下的冲击危险性数值分析［J］．煤矿安全，2015.

[52] 姜福兴，杨淑华，成云海，等．煤矿冲击地压的微地震监测研究［J］．地球物理学报，2006.

[53] 邓志刚，齐庆新，赵善坤，等．自震式微震监测技术在煤矿动力灾害预警中的应用［J］．煤炭科学技术，2016.

[54] 孔令海，齐庆新，姜福兴，等．长壁工作面采空区见方形成异常来压的微震监测研究［J］．岩石力学与工程学报，2012.

[55] 孔令海．煤矿采场围岩微震事件与支承压力分布关系［J］．采矿与安全工程学报，2014.

[56] 张修峰，陆菜平，王超，等．千米深井锯齿形断层煤柱群应力分布及微震活动规律［J］．现代矿业，2020.

[57] 王书文，毛德兵，潘俊锋，等．采空区侧向支承压力演化及微震活动全过程实测研究［J］．煤炭学报，2015.

[58] 孔令海，姜福兴，杨淑华，等．特厚煤层综放工作面区段煤柱合理宽度的微地震监测［J］．煤炭学报，2009.

[59] 徐学峰，窦林名，曹安业，等．覆岩结构对冲击矿压的影响及其微震监测［J］．采矿与安全工程学报，2011.

[60] 曲效成，姜福兴，于正兴，等．基于当量钻屑法的冲击地压监测预警技术研究及应用［J］．岩石力学与工程学报，2011.

[61] 张修峰，曲效成，魏全德．冲击地压多维度多参量监控预警平台开发与应用［J］．采矿与岩层控制工程学报，2021.

[62] 杨伟利，姜福兴，温经林，等．遗留煤柱诱发冲击地压机理及其防治技术研究［J］．采矿与安全工程学报，2014.

[63] 赵善坤，张广辉，柴海涛，等．深孔顶板定向水压致裂防冲机理及多参量效果检验［J］．采矿与安全工程学报，2019.

[64] 赵善坤，欧阳振华，刘军，等．超前深孔顶板爆破防治冲击地压原理分析及实践研究［J］．岩石力学与工程学报，2013.

［65］ 杨光宇，姜福兴，王存文. 大采深厚表土复杂空间结构孤岛工作面冲击地压防治技术研究［J］. 岩土工程学报，2014.

［66］ 孔令海. 基于冲击地压防治的深井沿空留巷充填材料研究［J］. 煤矿安全，2014.

［67］ 舒凑先，姜福兴，韩跃勇，等. 深部重型综采面长距离多联巷快速回撤技术研究［J］. 采矿与安全工程学报，2018.

［68］ 潘一山，齐庆新，王爱文，等. 煤矿冲击地压巷道三级支护理论与技术［J］. 煤炭学报，2020.

［69］ 孔令海. 增量荷载作用下深部煤巷冲击破坏规律的模拟试验研究［J］. 煤炭学报，2020.

［70］ 孔令海，邓志刚，梁开山，等. 深部煤巷顶帮控制防治冲击地压的研究［J］. 煤炭科学技术，2018.

［71］ 赵培合，张修峰，史宪银. 冲击地压工作面支护方式的研究［J］. 矿山压力与顶板管理，1996.

［72］ 张修峰. 冲击地压煤巷锚杆支护技术应用［J］. 煤炭科学技术，2000.

［73］ 戴文祥，孔令海，张宁博，等. 特厚煤层掘进巷道强矿压显现机理及防治技术研究［J］. 煤炭科学技术，2017.

［74］ 邱文华，孔令海，欧阳振华，等. 复杂条件半煤岩巷道顶板控制技术研究［J］. 煤炭工程，2017.

［75］ 吴龙泉，杜建鹏，郭光辉，等. 大采深切眼掘进巷道冲击地压防治技术实践［J］. 煤炭工程，2016.

［76］ 肖治民，刘军，王贺，等. 动载诱发巷道底板冲击失稳机制及防控技术［J］. 地下空间与工程学报，2019.

［77］ 张俊文，刘畅，李玉琳，等. 错层位沿空巷道围岩结构及其卸让压原理［J］. 煤炭学报，2018.

［78］ 何满潮，郭志彪. 恒阻大变形锚杆力学特性及工程应用［J］. 岩石力学与工程学报，2014.

［79］ 舒凑先，姜福兴，魏全德，等. 疏水诱发深井巷道冲击地压机理及其防治［J］. 采矿与安全工程学报，2018.

［80］ 付玉凯，吴拥政，鞠文君，等. 锚杆侧向冲击载荷下动力响应及抗冲击机理［J］. 煤炭学报，2016.

［81］ 马念杰，郭晓菲，赵志强，等. 均质圆形巷道蝶型冲击地压发生机

理及其判定准则［J］. 煤炭学报，2016.

［82］陈卫军. 鄂尔多斯西部煤矿冲击地压治理技术研究［J］. 煤炭科学技术，2018.

图书在版编目（CIP）数据

鄂尔多斯深部矿井冲击地压防控理论与技术／张修峰
等著 . -- 北京：应急管理出版社，2021
　ISBN 978 - 7 - 5020 - 8897 - 2

Ⅰ.①鄂… Ⅱ.①张… Ⅲ.①鄂尔多斯盆地—矿井—
冲击地压—研究　Ⅳ.①TD324

中国版本图书馆 CIP 数据核字（2021）第 181320 号

鄂尔多斯深部矿井冲击地压防控理论与技术

著　　者	张修峰　孔令海　韩跃勇　王　超　顾颖诗
责任编辑	孟　楠
责任校对	邢蕾严
封面设计	罗针盘

出版发行　应急管理出版社（北京市朝阳区芍药居 35 号　100029）
电　　话　010 - 84657898（总编室）　010 - 84657880（读者服务部）
网　　址　www. cciph. com. cn
印　　刷　北京虎彩文化传播有限公司
经　　销　全国新华书店

开　　本　880mm×1230mm$^1/_{32}$　印张　6　字数　151 千字
版　　次　2021 年 11 月第 1 版　2021 年 11 月第 1 次印刷
社内编号　20210970　　　　　定价　38.00 元